高等职业教育"十三五"精品规划教材

计算机基础操作技能指导

主 编 戴 毅 吴瑞芝 王靓薇

副主编 杨 霞 刘雅琴 贺 娜

中国水利水电出版社

www.waterpub.com.cn

·北京·

内容提要

本书在计算机公共基础实训实践课教材的基础上，根据多位教师多年的教学经验总结进行了修订，并进行了广泛的意见征询，符合高职院校学生的学习特点和实际基础。本教材内容包括键盘和指法、Windows 7 操作系统、文字处理软件 Word 2010、电子表格 Excel 2010、幻灯片 PowerPoint 2010、Internet 应用。

本书采用"任务驱动"的方式设计教材体系，书中的许多案例设计时考虑了企事业单位实际工作中的具体要求，以实践技能为核心，注重全面提高学生的操作技能。

本书层次清楚、通俗易懂、实用性强，可作为高职高专和中职中专等院校计算机公共基础实训或实践课的教材，也可以作为成人教育及社会培训提高计算机操作技能的培训教材。

本书提供了丰富的教学相关资源，如需要请发邮件至 wjwteacher@126.com 进行索取。

图书在版编目（CIP）数据

计算机基础操作技能指导 / 戴毅，吴瑞芝，王靓薇
主编. -- 北京：中国水利水电出版社，2018.9（2021.2 重印）
高等职业教育"十三五"精品规划教材
ISBN 978-7-5170-6911-9

Ⅰ. ①计… Ⅱ. ①戴… ②吴… ③王… Ⅲ. ①电子计
算机－高等职业教育－教材 Ⅳ. ①TP3

中国版本图书馆CIP数据核字(2018)第216936号

策划编辑：陈红华　　责任编辑：张玉玲　　加工编辑：高双春　　封面设计：李　佳

书　　名	高等职业教育"十三五"精品规划教材 计算机基础操作技能指导 JISUANJI JICHU CAOZUO JINENG ZHIDAO	
作　　者	主　编　戴　毅　吴瑞芝　王靓薇 副主编　杨　霞　刘雅琴　贺　娜	
出版发行	中国水利水电出版社 （北京市海淀区玉渊潭南路 1 号 D 座　100038） 网址：www.waterpub.com.cn E-mail：mchannel@263.net（万水） 　　　　sales@waterpub.com.cn 电话：（010）68367658（营销中心）、82562819（万水）	
经　　售	全国各地新华书店和相关出版物销售网点	
排　　版	北京万水电子信息有限公司	
印　　刷	北京建宏印刷有限公司	
规　　格	184mm×260mm　　16 开本　　13.5 印张　　313 千字	
版　　次	2018 年 9 月第 1 版　　2021 年 2 月第 5 次印刷	
印　　数	7501—9000 册	
定　　价	33.00 元	

凡购买我社图书，如有缺页、倒页、脱页的，本社营销中心负责调换

前　　言

随着信息技术的发展和日益普及，计算机基础操作已成为高职高专学生的必备技能之一。近年来，高职高专院校日益重视学生的计算机基础操作技能培养，因此，为了让学生更快更好地掌握计算机基础操作技能，内蒙古化工职业学院特组织一批多年从事计算机基础教育并拥有丰富教学经验的高职院校教师编写了本书。

本书力图体现指导学生掌握计算机操作技能，回避和简化纯粹的理论问题，直接提出问题，并给出解决问题的主要操作步骤，同时附有相应的样文及素材，可使学生快速掌握基础操作技能，为进一步学习其他课程打下良好基础。

本书的针对性强，突出对学生技能的培养。在编写过程中充分考虑到学生阅读的需求，力求做到目标明确、思路清晰、通俗易懂、难度适中，同时注意知识的深度和广度，辅以图表，形象直观，使学生容易理解。

本书由内蒙古化工职业学院的戴毅副教授、吴瑞芝副教授和王靓薇老师制定了编写大纲，并对全书进行了统稿。

各章节编写分工如下：

第 1 章　内蒙古化工职业学院　戴毅

第 2 章　内蒙古化工职业学院　王靓薇

第 3 章　内蒙古化工职业学院　杨霞

第 4 章　内蒙古化工职业学院　刘雅琴

第 5 章　内蒙古化工职业学院　贺娜

第 6 章　内蒙古化工职业学院　吴瑞芝

由于编者水平有限，加之时间仓促，书中不妥和错误之处在所难免，恳请广大读者批评指正。

编　者

2018 年 5 月

目　录

第 1 章　键盘和指法

1.1　开关机和熟悉键盘

任务一　学会正确开关机

【操作要求】

1. 启动计算机。
2. 关闭计算机。

【操作步骤】

1. 启动计算机

要启动计算机，首先连接电源后再开机。开机时首先打开显示器的电源后再按主机电源开关。

（1）冷启动计算机

用户连接电源后，计算机先进行硬件检测。然后，开始启动 Windows，启动完成后，将出现"登录到 Windows"对话框，在该对话框中输入用户名和密码后单击"确定"按钮，进入到 Windows 桌面。

（2）热启动计算机

在计算机使用过程中如果出现了故障，需要重新启动计算机时，用户可以使用热启动的方法。

方法一：打开"开始"菜单，选择"关闭计算机"，弹出"关闭计算机"对话框，如图 1-1 所示，单击"重新启动"按钮。

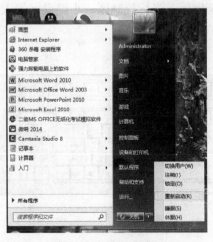

图 1-1　关机菜单

方法二：连续按两次 Ctrl+Alt+Del 键。

方法三：按主机箱上的 Reset 复位键。

（3）以安全模式启动计算机

由于某些意外，使系统启动异常，可以使用安全模式启动计算机。这时，系统不加载某些组件而直接启动计算机，其步骤如下：

1）正常开机时，快速按下 F8 键。

2）根据屏幕上菜单提示的启动模式，用"↑""↓"键选择"安全模式"（SafeMode）启动，启动完毕后，显示"桌面"提示对话框，单击"确定"按钮，关闭该对话框，即可进入安全模式。

2. 关闭计算机

打开"开始"菜单，选择"关闭计算机"对话框。单击"关闭"按钮，系统将停止运行，并将自动关闭电源。或者可以在关闭计算机前关闭所有的程序，然后使用 Alt+F4 组合键快速打开"关闭计算机"对话框进行关机。

提示：当某些情况下不能正常关闭计算机（如死机时），可以通过长按主机箱上的电源开关键强行关闭计算机，但一般情况下不推荐使用。因为这样可能造成计算机软件、数据及硬件的损坏。

任务二　熟悉键盘及键盘功能键

【操作要求】

1. 认识键盘分区及各个键位。

2. 了解如何维护键盘。

3. 了解键盘的功能键。

【操作步骤】

1. 认识键盘分区及各个键位

键盘由许多按键组成，主要是字母和数字，左边是主键盘，右边是数字小键盘。我们一般将键盘分为主键盘区、功能键区、光标控制区、小键盘区等主要区域，如图 1-2 所示。

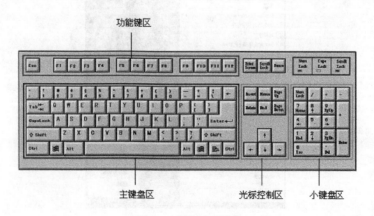

图 1-2　键盘布局图

2．键盘的维护

（1）键盘一般放在一个可推拉的托盘上，可以在托盘的轮轴上点油，润滑一下。

（2）键盘脏了可以用拧干的湿布轻轻擦拭表面，注意别让水流进键盘。

（3）键盘按键缝隙里面落入碎屑，可以找一个平口螺丝刀，从一侧小心地将按键撬起来，取下按键，再用镊子把碎屑夹出来，或将键盘扣过来轻轻拍击，让碎屑掉落下来。操作时要细心，最后再按原样安装好。

3．键盘功能键

电脑键盘功能键的说明是比较简单的，图示也比较简单，但是没有快速的熟悉方法，只有循序渐进地练习才能尽快掌握。下面就键盘的键位分布和键位功能进行一些简单的介绍，这些都是常用的功能。

（1）删除键

按"←"键（有的键盘上是 Backspace），删除光标前面的字符；按 Delete 键（或数字键盘区的 Del），删除光标后面的字符。

（2）插入/改写切换

在输入文本过程中，有两种编辑状态，即插入状态和改写状态。当编辑处于插入状态时，会在光标的前面插入新输入的字符；若处于改写状态时，会将光标后面的字符改为新输入的字符。如果要将某个字改正，可以切换到改写状态，将光标移到要改掉的错字前面，再输入新的字符。注意如果要插入一些字符，就不要切换到改写状态了，否则会把光标后面的文本全部改掉。

插入状态：状态栏上的"改写"二字变灰。

改写状态：状态栏上的"改写"二字变黑。

切换的方法：按键盘上的 Insert 键或数字键盘区的 Ins 键（非数字状态），或双击状态栏上的"改写"二字。

（3）空格键

空格键是位于键盘底部的最长的那个键。它的作用取决于当前的编辑状态是"插入"状态，还是"改写"状态。插入下按此键，将在光标前面插入空格字符，可用于调整两字符间的距离。改写状态下按此键，将把光标后面的字符改为空格字符。

（4）回车键 Enter

1）在输入文本的过程中按此键，可将光标后面的字符下移一行，即新起一个段落。如果一段文本输完了，按 Enter 键换行。若要将某段文本分成两个段落，可将光标移至要分段处，再按 Enter 键。

2）在其他操作中，按该键表示输入命令结束，让计算机执行该操作。

（5）大写字母锁定键 Caps Lock

用于大写字母和小写字母的切换，按一下该键，数字键盘区上方的 Caps Lock 指示灯亮，为大写输入状态。再按一下，灯熄，输入小写字母。注意：输入汉字时，必须切换成小写状态，也就是灯熄的状态。

（6）上档键（也叫"交换键"）Shift

按住 Shift 键不松，再加按其他键，将输入该键面上面的符号。如要输入"%$()"等，需要按该键。

用于大小写交换：若当前为大写状态（Caps Lock 灯亮），按住该键敲击字母键，将输入小写字母；若当前为小写状态，按住该键则输入大写字母。

（7）Esc 键

1）中断、取消操作：比如说，单击了某个菜单或调出了某个对话框，又不想进行这个操作了，可以按一下该键取消。

2）在 DOS 中，可以用于退出某个软件。

（8）数字锁定键 Num Lock

该键位于数字键盘区的左上方，上方还有一个对应的指示灯，按一下，灯亮，再按一下，灯熄。灯亮时，输入数字；灯熄时，启用功能键，即 Del、Ins、Home 等。

（9）Tab 键

该功能键主要有两大作用，一是在文字编辑软件中，按一下该键，可以将光标移到下一制表位。二是在对话框中，按该键，可将光标在各选项间循环切换。

（10）打印屏幕（抓图）Print Screen

1）打印整个屏幕

若要将屏幕上显示的整个画面抓下来，粘贴到 Word 文档中，可按以下方法操作：第一步，准备好要抓的画面；第二步，按 PrintScreen 键；第三步，切换到 Word 文档中，并将插入点移到要粘贴的位置；第四步，按 Ctrl+V 键粘贴。

2）打印活动窗口（当前正在操作的窗口）

若在 Windows 中，打开了几个窗口，总有一个窗口位于最前面，此窗口的标题栏是蓝色的（其他都是灰色的），此窗口叫活动窗口，也就是当前正在操作的窗口。若要打印活动窗口，按住 Alt 键不松，再按 Print Screen 键，其他操作同上。

（11）组合键的使用

Ctrl、Shift 和 Alt 均不能单独使用，它们分别与键盘上其他功能键配合使用来完成某一特定功能。具体的使用方法，各软件还有专门的定义，这里不再赘述。不过，在使用含有这几个键的组合键时，通常都是先按住 Ctrl 或 Shift 或 Alt 键不松，再按其他键。释放按键时也要先释放其他的功能键。

Windows 中通用组合键功能：

Ctrl+C：复制。

Ctrl+X：剪切。

Ctrl+V：粘贴。

Ctrl+Z：撤销。

Shift+Delete：永久删除所选项，而不将它放到"回收站"中。

拖动某一项时按 Ctrl：复制所选项。

拖动某一项时按 Ctrl+Shift：创建所选项目的快捷方式。

Ctrl+→：将插入点移动到下一个单词的起始处。

Ctrl+←：将插入点移动到前一个单词的起始处。

Ctrl+↓：将插入点移动到下一段落的起始处。

Ctrl+↑：将插入点移动到前一段落的起始处。

Ctrl+Shift+任何箭头键：突出显示一块文本。

Shift+任何箭头键：在窗口或桌面上选择多项，或者选中文档中的文本。

Ctrl+A：选中全部内容。

Ctrl+O：打开某一项。

Alt+Enter：查看所选项目的属性。

Alt+F4：关闭当前项目或者退出当前程序。

Ctrl+F4：在允许同时打开多个文档的程序中关闭当前文档。

Alt +Tab：在打开的项目之间切换。

Alt+Esc：以项目打开的顺序循环切换。

Shift+F10：显示所选项目的快捷菜单。

Alt+空格键：显示当前窗口的"系统"菜单。

Ctrl+Esc：显示"开始"菜单。

Ctrl+Home：快速到达文件头或所在窗口头部。

Ctrl+End：快速到达文件尾或所在窗口尾部。

Alt+Enter：切换 DOS 窗口最大化和最小化。

1.2 键盘的正确使用和指法练习

任务一 正确使用键盘的基本指法练习

【操作要求】

1．掌握键盘正确的操作指法。

2．掌握基准键位的指法。

【操作步骤】

1．掌握键盘正确的操作指法

第一步：将手指放在键盘上。左右手的食指、中指、无名指、小指放在八个基本键上，两个拇指轻放在空格键上。

第二步：练习按键。例如要按 D 键，方法是提起左手离键盘约两厘米，向下按键时中指向下弹击 D 键，其他手指同时稍向上弹开，按键要能听见响声。按其他键也是类似按法，请多体会。形成正确的按键习惯很重要，错误的习惯很难改。

第三步：练习熟悉八个基本键的位置（请保持第二步正确的按键方法）。

第四步：练习非基本键的按法。例如要按 E 键，方法是提起左手离键盘约两厘米；整个左手稍向前移，同时用中指向下弹击 E 键，同一时间其他手指稍向上弹开，按键后四个手指迅速回位，注意右手不要动。其他键也是类似按法，注意体会。

第五步：继续练习，达到即见即按水平（前提是动作要正确）。

2．掌握基准键位的指法

（1）键盘左半部分由左手负责，右半部分由右手负责。

（2）每一只手指都有其固定对应的按键，如图 1-3 所示。

左小指：[`]、[1]、[Q]、[A]、[Z]

左无名指：[2]、[W]、[S]、[X]

左中指：[3]、[E]、[D]、[C]

左食指：[4]、[5]、[R]、[T]、[F]、[G]、[V]、[B]

左、右拇指：空格键

右食指：[6]、[7]、[Y]、[U]、[H]、[J]、[N]、[M]

右中指：[8]、[I]、[K]、[,]

右无名指：[9]、[O]、[L]、[.]

右小指：[0]、[-]、[=]、[P]、[[ ]、[ ]]、[\ ]、[;]、[']、[/]

（3）[A][S][D][F][J][K][L][;]八个按键称为"导位键"，可以帮助用户经由触觉取代眼睛，用来定位手或键盘上其他的键，亦即所有的键都能经由导位键来定位。

（4）Enter 键在键盘的右边，使用右手小指按键。

（5）有些键具有两个字母或符号，如数字键常用来键入数字及其他特殊符号，用右手打特殊符号时，左手小指按住 Shift 键；若以左手打特殊符号，则用右手小指按住 Shift 键。

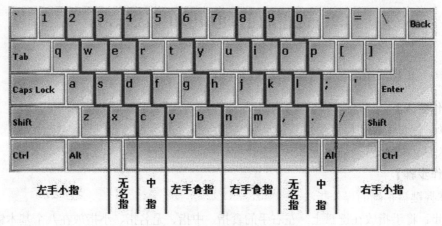

图 1-3　电脑键盘指法练习图

任务二　基本的指法练习

【操作要求】

1．在记事本中进行英文输入练习。

2．将输入好的文件保存到"我的文档"。

【操作步骤】

1．在记事本中进行英文输入练习

打开"开始"菜单，选择"程序"→"附件"→"记事本"，在打开的"记事本"程序中按照下面的样文反复进行练习。

样文如下：

GFDSABVCXZNMHJKLTREWQUIOP

Yuioptrewqhjklgfdsabvcxznm

Why use Windows Update

Windows Update is an alternative to picking and choosing the updates you need for your particular computer and software from the large library of all available. Because the service can identify the correct updates for your particular hardware and software, Windows Update makes it easier to make sure your computer has all the latest operating system improvements. You can use the Windows Update website to review, select, and install all the latest, improvements, security updates, enhancements, and hardware drivers for your computer, whenever you like.

In addition, we recommend that you use the Automatic Update feature, which will help make sure that the most critical updates are delivered to you and installed as they become available, helping to ensure that your computer stays up to date and secure.

2. 保存文件

选择"文件"→"保存"，在弹出的"另存为"对话框中，将文件命名为"lianxi"并保存到"我的文档"中，如图 1-4 所示。

图 1-4　保存对话框

第 2 章　Windows 7 操作系统

2.1　桌面管理

任务一　设置桌面背景

【操作要求】

设置桌面背景。

【操作步骤】

设置桌面背景：在桌面的空白处单击鼠标右键，在弹出的快捷菜单中选择"个性化"菜单命令，弹出"个性化"窗口，如图 2-1 所示，选择"桌面背景"选项，弹出"桌面背景"窗口，如图 2-2 所示，单击其中一幅图片将其选中，单击"保存修改"按钮，返回桌面，即可看到桌面背景已经更改。

图 2-1　"个性化"窗口

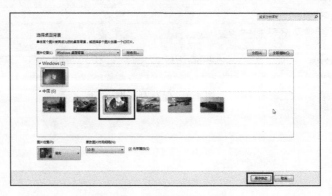

图 2-2　"桌面背景"窗口

任务二 设置桌面小工具

【操作要求】

1. 添加小工具。
2. 移除小工具。
3. 设置小工具。

【操作步骤】

1. 添加小工具：在桌面的空白处单击鼠标右键，从弹出的快捷菜单中选择"小工具"菜单命令，弹出"小工具库"窗口，如图 2-3 所示，选择"日历"小工具后单击鼠标右键，在弹出的快捷菜单中选择"添加"菜单命令，选择的小工具被成功地添加到桌面上。

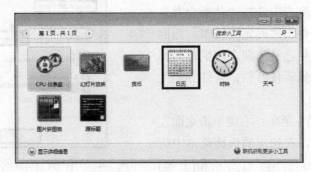

图 2-3 "小工具库"窗口

2. 移除小工具：将鼠标指针放在小工具的右侧，单击"关闭"按钮即可从桌面上移除小工具。

3. 设置小工具：用鼠标拖动小工具到适当的位置放下，即可移动小工具的位置。单击小工具右侧的"较大尺寸"按钮，即可展开小工具，查看详细信息。选择小工具，单击鼠标右键，在弹出的快捷菜单中选择"前端显示"菜单命令，即可设置小工具在桌面的最前端。如果选择"不透明度"菜单命令，在弹出的子菜单中选择具体不透明度的值，即可设置小工具的不透明度。

任务三 设置桌面图标

【操作要求】

1. 设置桌面图标的大小。
2. 设置桌面图标的排列方式。

【操作步骤】

1. 设置桌面图标的大小：在桌面的空白处单击鼠标右键，在弹出的快捷菜单中选择"查看"菜单命令，在弹出的子菜单中显示 3 种图标大小，包括大图标、中等图标和小图标，选择"小图标"菜单命令，返回到桌面，此时桌面图标已经以小图标的方式显示。

2. 设置桌面图标的排列方式：在桌面的空白处单击鼠标右键，在弹出的快捷菜单中选择"排列方式"菜单命令，在弹出的子菜单中有 4 种排列方式，分别为名称、大小、项目类型和修改日期，选择"名称"菜单命令，返回到桌面，图标的排列方式将会按名称进行排列。

任务四 设置任务栏和"开始"菜单

【操作要求】

1. 设置隐藏任务栏。
2. 自定义"开始"菜单。

【操作步骤】

1. 设置隐藏任务栏：在任务栏上单击鼠标右键，在弹出的快捷菜单中选择"属性"菜单命令，弹出"任务栏和[开始]菜单属性"对话框，如图 2-4 所示。在"任务栏"选项卡下，单击选中"自动隐藏任务栏"复选框，然后在"任务栏按钮"右侧的下拉列表中选择"从不合并"选项，设置完成后，单击"确定"按钮。返回桌面，可以看到任务栏已经隐藏，将鼠标光标放置在桌面的底部时显示任务栏，且任务栏上的应用程序不合并。

2. 自定义"开始"菜单：右键单击桌面左下角的"开始"按钮，在弹出的快捷菜单中选择"属性"菜单命令，弹出"任务栏和[开始]菜单属性"对话框，如图 2-5 所示。单击"自定

图 2-4 "任务栏和[开始]菜单属性"对话框

义"按钮，弹出"自定义[开始]菜单"对话框，如图 2-6 所示。在"您可以自定义[开始]菜单上的链接、图标以及菜单的外观和行为"列表框中单击选中"运行命令"复选框。单击"确定"按钮，返回"任务栏和[开始]菜单属性"对话框，撤销选中"隐私"列表区域的两个选项。单击"确定"按钮，关闭"任务栏和[开始]菜单属性"对话框，单击桌面左下角的"开始"按钮，即可看到添加的"运行…"选项，并且固定程序列表和常用程序列表栏为空。

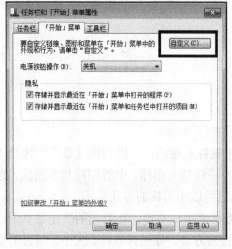

图 2-5 "任务栏和[开始]菜单属性"对话框

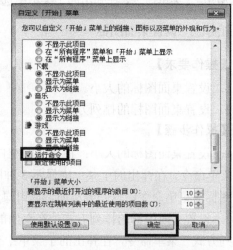

图 2-6 "自定义[开始]菜单"对话框

2.2　窗口操作

任务一　调整窗口大小

【操作要求】

1．用鼠标调整：用鼠标拖动调整窗口的大小。

2．用按钮调整：用"最大化""最小化""还原"按钮调整窗口的大小。

【操作步骤】

1．用鼠标调整：以"计算机"窗口为例，将鼠标指针移动到"计算机"窗口的下边框上，此时鼠标指针变成上下箭头的形状，按住鼠标左键不放拖拽边框，拖拽到合适的位置松开鼠标左键即可。当鼠标指针移动到"计算机"窗口的右边框上，此时鼠标指针变成左右箭头的形状，按住鼠标左键不放拖拽边框，拖拽到合适的位置松开鼠标左键即可。当鼠标指针放在窗口右下角，此时鼠标指针变成倾斜的双向箭头，按住鼠标左键不放拖拽边框，拖拽到合适的位置松开鼠标左键即可。

2．用按钮调整：以"计算机"窗口为例，"计算机"窗口右上角有"最大化""最小化"和"还原"按钮。单击"最大化"按钮，则"计算机"窗口将扩展到整个屏幕，显示所有的窗口内容，此时"最大化"按钮变成"还原"按钮，单击该按钮，又可将窗口还原到原来的大小。单击"最小化"按钮，则"计算机"窗口会最小化到任务栏上，用户要想显示窗口，需要单击任务栏上的程序图标。

任务二　移动窗口位置

【操作要求】

移动窗口位置：用鼠标移动窗口的位置。

【操作步骤】

移动窗口位置：将鼠标指针放在需要移动位置的窗口的标题栏上，按住鼠标左键不放，拖拽到需要的位置，松开鼠标左键，即可完成窗口位置的移动。

任务三　切换窗口

【操作要求】

切换窗口：用鼠标或快捷键方式切换窗口。

【操作步骤】

切换窗口：任意打开两个或多个窗口，用鼠标单击窗口上任意可见的地方，该窗口就成为当前的活动窗口。另外也可以使用组合键 Alt+Tab 或 Alt+Esc 进行窗口切换。

任务四　排列窗口

【操作要求】

排列窗口：用层叠、纵向平铺和横向平铺等方式对窗口进行排列。

【操作步骤】

排列窗口：任意打开两个或多个窗口，在任务栏的空白处单击鼠标右键，在弹出的快捷菜单中有 3 种窗口的排列形式，分别为"层叠窗口""堆叠显示窗口"和"并排显示窗口"，用户可以根据需要选择一种排列方式。

2.3　文件及文件夹的管理

任务一　创建文件夹

【操作要求】

创建文件夹：在 D 盘根目录下创建名称为 AA 的文件夹。

【操作步骤】

创建文件夹：打开"计算机"窗口下的"本地磁盘（D:）"窗口。在空白处单击鼠标右键，选择"新建"菜单命令下的"文件夹"菜单命令，在窗口工作区中出现一个新文件夹，默认文件夹名为"新建文件夹"，并以反白显示等待输入文件夹名称。此时，直接输入 AA，按 Enter 键或在空白处单击鼠标，即可完成新建操作。

任务二　复制、移动、删除、重命名文件或文件夹

【操作要求】

1. 复制：将本书提供的素材文件 2-1、2-2、2-3、2-4、2-5 复制到 AA 文件夹中。
2. 移动：将本书提供的素材文件 2-6、2-7、2-8、2-9、2-10 移动到 AA 文件夹中。
3. 删除：将 AA 文件夹中的文件 2-1、2-3、2-5、2-7、2-9 删除。
4. 重命名：将 AA 文件夹中的文件 2-2 重命名为 student。

【操作步骤】

1. 复制：打开本书配套素材"第 2 章"，按住 Ctrl 键的同时，用鼠标连续选中素材文件 2-1、2-2、2-3、2-4、2-5，单击鼠标右键，选择"复制"命令（或选择"编辑"菜单中的"复制"命令，或用快捷键 Ctrl+C），再打开 AA 文件夹，在空白处单击鼠标右键，选择"粘贴"命令（或选择"编辑"菜单中的"粘贴"命令，或用快捷键 Ctrl+V）。

2. 移动：打开本书配套素材"第 2 章"，按住 Ctrl 键的同时，用鼠标连续选中素材文件 2-6、2-7、2-8、2-9、2-10，单击鼠标右键，选择"剪切"命令（或选择"编辑"菜单中的"剪切"命令，或用快捷键 Ctrl+X），再打开 AA 文件夹，在空白处单击鼠标右键，选择"粘贴"命令（或选择"编辑"菜单中的"粘贴"命令，或用快捷键 Ctrl+V）。

3. 删除：打开 AA 文件夹，用鼠标连续选中文件 2-1、2-3、2-5、2-7、2-9，单击鼠标右

键，选择"删除"命令（或按 Delete 键），在"删除文件"对话框中选择"是"，文件被放入回收站中。

4. 重命名：打开 AA 文件夹，选中文件 2-2，单击鼠标右键，选择"重命名"命令，此时文件名以反白显示，直接输入 student，按 Enter 键或在空白处单击鼠标即可。

任务三　设置文件或文件夹的属性

【操作要求】

设置属性：将 AA 文件夹中的文件 2-4 的属性设置为只读。

【操作步骤】

设置属性：打开 AA 文件夹，选中文件 2-4，单击鼠标右键，选择"属性"命令，打开"2-4属性"对话框，如图 2-7 所示，在"常规"选项卡中选定其中的"只读"复选框，单击"确定"按钮。

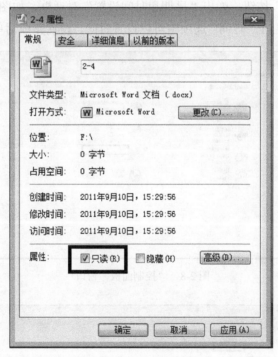

图 2-7　"2-4 属性"窗口

任务四　压缩文件或文件夹

【操作要求】

压缩文件夹：选择需要压缩的文件夹执行压缩命令。

【操作步骤】

压缩文件夹：选择需要压缩的文件夹并单击鼠标右键，在弹出的快捷菜单中选择"添加到压缩文件"命令，在打开的对话框中输入文件名并选择压缩方式，单击"确定"按钮即可。

2.4 控制面板

任务一 设置系统日期和时间

【操作要求】

设置系统日期和时间。

【操作步骤】

设置系统日期和时间：单击"开始"按钮，在弹出的"开始"菜单中选择"控制面板"菜单命令，弹出"控制面板"窗口，如图 2-8 所示。选择"时钟、语言和区域"链接，弹出"时钟、语言和区域"窗口，如图 2-9 所示。单击"设置时间和日期"链接，弹出"日期和时间"对话框，如图 2-10 所示。选择"日期和时间"选项卡，在此用户可以设置时区、日期和时间，单击"更改日期和时间"按钮，弹出"日期和时间设置"对话框，如图 2-11 所示。在"日期"列表中可以设置年月日，在"时间"选项中可以设置时间，设置完成后单击"确定"按钮即可。

图 2-8 "控制面板"窗口

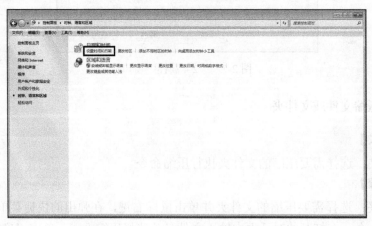

图 2-9 "时钟、语言和区域"窗口

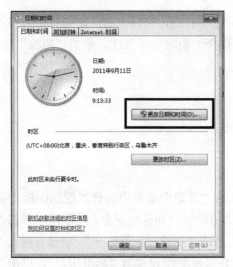

图 2-10 "日期和时间"对话框

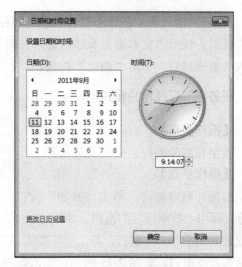

图 2-11 "日期和时间设置"对话框

任务二 添加和删除输入法

【操作要求】

1. 添加输入法。

2. 删除输入法。

【操作步骤】

1. 添加输入法：在状态栏输入法的图标上单击鼠标右键，在弹出的快捷菜单中选择"设置"按钮，弹出"文本服务和输入语言"对话框，如图 2-12 所示。单击"添加"按钮，弹出"添加输入语言"对话框，如图 2-13 所示。选择想添加的输入法，单击"确定"按钮，返回到"文本服务和输入语音"对话框，即可在输入法列表中看到新选择的要添加的输入法，单击"确定"按钮完成输入法添加的操作。

图 2-12 "文本服务和输入语言"对话框

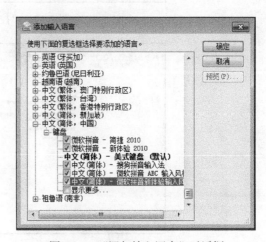

图 2-13 "添加输入语言"对话框

2. 删除输入法：在状态栏输入法的图标上单击鼠标右键，在弹出的快捷菜单中选择"设置"按钮，弹出"文本服务和输入语音"对话框，选择要删除的输入法，单击"删除"按钮，输入法被删除后，单击"确定"按钮。

任务三　管理用户帐户

【操作要求】

添加和删除帐户。

【操作步骤】

添加和删除帐户：单击"开始"按钮，在弹出的"开始"菜单中选择"控制面板"菜单命令，弹出"控制面板"窗口，如图 2-14 所示。在"用户帐户和家庭安全"功能区中单击"添加或删除用户帐户"链接，弹出"管理帐户"窗口，单击"创建一个新帐户"链接，弹出"创建新帐户"窗口，如图 2-15 所示。输入帐户名称，将帐户类型设置为"标准用户"，单击"创建帐户"按钮，返回到"管理帐户"窗口中，可以看到新建的帐户，如图 2-16 所示。如果想删除某个帐户，可以单击帐户名称，弹出"更改帐户"窗口，如图 2-17 所示。单击"删除帐户"链接，弹出"删除帐户"窗口，如图 2-18 所示。单击"删除文件"按钮，弹出"确认删除"窗口，单击"删除帐户"按钮即可。

图 2-14　"控制面板"窗口

图 2-15　"创建新帐户"窗口

图 2-16　"管理帐户"窗口

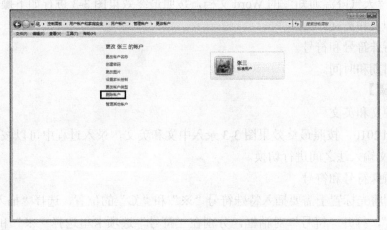

图 2-17　"更改帐户"窗口

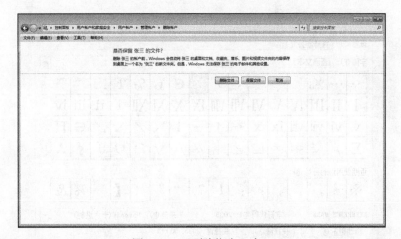

图 2-18　"删除帐户"窗口

第 3 章 文字处理软件 Word 2010

3.1 文字录入与编辑

任务一 制作天气降温通知

【操作要求】

新建名为"天气降温通知"的 Word 文档,按照最终效果图 3-3 进行如下操作:

1．录入中文和英文。

2．插入特殊符号和符号。

3．插入日期和时间。

【操作步骤】

1．录入中文和英文

启动 Word 2010,按照最终效果图 3-3 录入中文和英文,录入过程中可以按"Ctrl+空格"组合键在中英文输入法之间进行切换。

2．插入特殊符号和符号

(1)分别将光标置于需要插入特殊符号"※"和"℃"的位置,选择"插入"→"符号"→"其他符号",打开"符号"对话框,分别在"符号"选项卡里选择"※"和"℃",如图 3-1 所示,单击"插入"按钮。

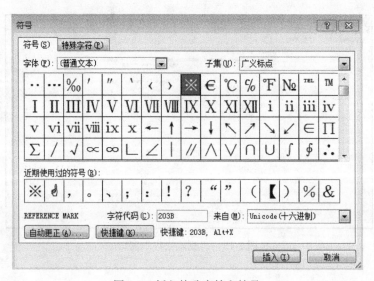

图 3-1 插入特殊字符和符号

3．插入日期和时间

将光标定位在文档末尾，选择"插入"→"日期和时间"，打开"日期和时间"对话框，按照图 3-2 选择日期格式，单击"确定"按钮。

最后将文档保存到指定位置，文件名为"天气降温通知"。至此，本实例便完成了。

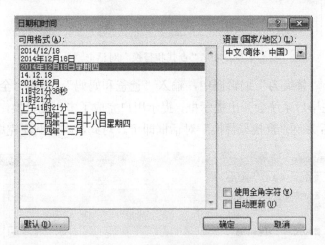

图 3-2　插入日期和时间

最终效果图，如图 3-3 所示。

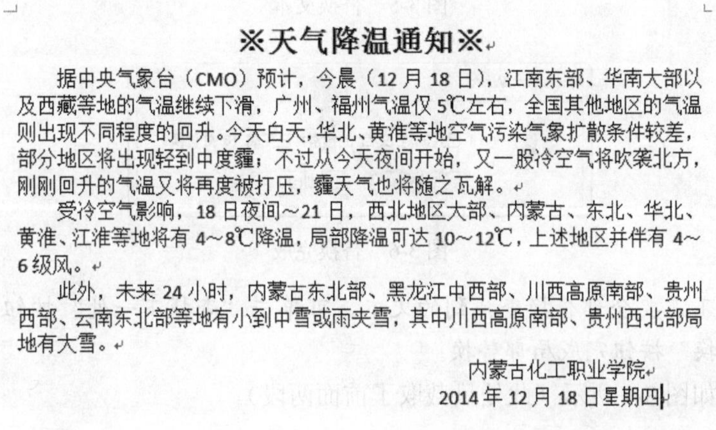

※天气降温通知※

据中央气象台（CMO）预计，今晨（12 月 18 日），江南东部、华南大部以及西藏等地的气温继续下滑，广州、福州气温仅 5℃左右，全国其他地区的气温则出现不同程度的回升。今天白天，华北、黄淮等地空气污染气象扩散条件较差，部分地区将出现轻到中度霾；不过从今天夜间开始，又一股冷空气将吹袭北方，刚刚回升的气温又将再度被打压，霾天气也将随之瓦解。

受冷空气影响，18 日夜间~21 日，西北地区大部、内蒙古、东北、华北、黄淮、江淮等地将有 4~8℃降温，局部降温可达 10~12℃，上述地区并伴有 4~6 级风。

此外，未来 24 小时，内蒙古东北部、黑龙江中西部、川西高原南部、贵州西部、云南东北部等地有小到中雪或雨夹雪，其中川西高原南部、贵州西北部局地有大雪。

内蒙古化工职业学院
2014 年 12 月 18 日星期四

图 3-3　"天气降温通知"最终效果图

任务二　替换文本

【操作要求】

打开本书配套素材"第 3 章"→"演讲稿"文档，将文档中的"父母"替换成"爸爸和妈妈"。

【操作步骤】

1．选择"开始"→"替换"（或按 Ctrl+H 组合键），打开"查找和替换"对话框，在"查找内容"编辑框中输入"父母"，如图 3-4 所示。

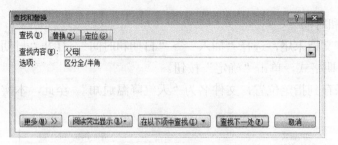

图 3-4   "查找和替换"对话框

2．将光标置于"替换为"编辑框中，输入"爸爸和妈妈"，单击"全部替换"按钮，如图 3-5 所示。替换完毕后系统会弹出提示框，提示用户完成了多少处替换，单击"确定"按钮，如图 3-6 所示，然后关闭"查找与替换"对话框即可。对此，本实例便完成了。

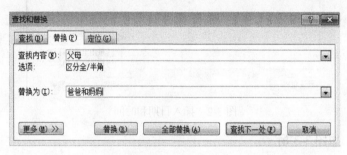

图 3-5   替换文本

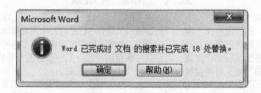

图 3-6   替换完成

提示：如果不需要全部替换查找到的文本，可单击"查找下一处"按钮找到需要替换的文本，单击"替换"按钮完成局部替换。

最终效果图如图 3-7 所示（此处只截取了前面两段）。

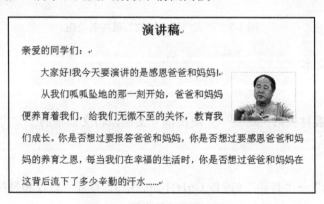

图 3-7   替换文本最终效果图

3.2 文档格式化

任务一 制作 iPhone 使用说明书

【操作要求】

打开本书配套素材"第3章"→"iPhone使用说明书"文档。

1．设置字体

（1）设置标题字体为华文新魏，字形常规，字号一号，字体颜色为黑色，字符间距加宽4磅。

（2）设置除标题外的其他文本中文字体为宋体，西文字体为Arial，字号小四。

2．设置段落

（1）设置标题为居中对齐方式，行距1.5倍，段后间距0.5行。

（2）设置正文为首行缩进2个字符，除标题外所有文本行距为固定值22磅。

（3）设置正文第三段段前、段后各0.5行。

【操作步骤】

1．设置字体

（1）选中标题，选择"开始"菜单"字体"组右下角的对话框启动器按钮 ，打开"字体"选项卡进行如图3-8所示的设置，在"高级"选项卡中进行如图3-9所示的设置，单击"确定"按钮。

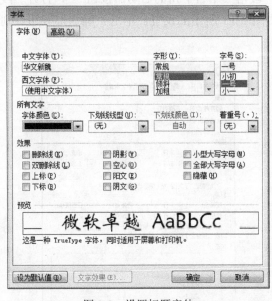

图 3-8 设置标题字体

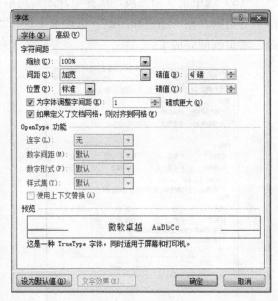

图 3-9 设置字符间距

（2）选中除标题外的其他文本，选择"开始"菜单"字体"组右下角的对话框启动器按钮 ，打开"字体"选项卡进行如图3-10所示的设置，单击"确定"按钮。

2．设置段落

（1）选中标题，选择"开始"菜单"段落"组右下角的启动器按钮 🔲，打开"段落"对话框，在"缩进和间距"选项卡中进行如图 3-11 所示的设置，单击"确定"按钮。

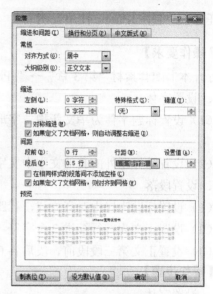

图 3-10　设置标题段落格式　　　　　　　图 3-11　设置字体

（2）选中正文，选择"开始"菜单"段落"组右下角的启动器按钮 🔲，打开"段落"对话框，在"缩进和间距"选项卡中进行如图 3-12 所示的设置，单击"确定"按钮。

（3）选中正文第三段，选择"开始"菜单"段落"组右下角的启动器按钮 🔲，打开"段落"对话框，在"缩进和间距"选项卡中进行如图 3-13 所示的设置，单击"确定"按钮。到此，本实例便完成了。

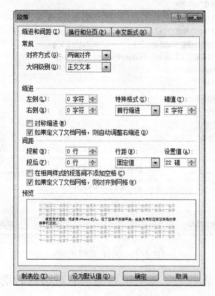

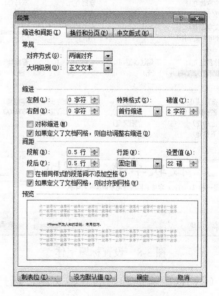

图 3-12　设置正文段落格式　　　　　　　图 3-13　设置段间距

最终效果图，如图 3-14 所示。

iPhone 使用说明书

看完后才发现，很多用 iPhone 的人，花了四五千买部苹果，结果只用到四五百块钱的普通手机功能。

iPhone 不为人知的功能，常用技巧：

1. 编写短信的时候，如果想把写的内容全删掉，只需晃动你的 iPhone 几下，会弹出个窗口，选择"撤销键入"就可把内容全删掉了，不用按着删除键半天。如果想把刚删掉的内容恢复，晃动 iPhone 选择"重做键入"，刚删掉的内容就回来了；如果是刚粘贴过来的，晃动可以"撤销粘贴"。

2. 大家有没有遇到这样的情况：想输入"度"(小圈圈)这个单位符号，可是找不到，现在告诉大家：在数字键盘上按住 0 不动，就会出现此符号！

3. 如果短信来了，正巧旁边很多人，自觉不自觉地就看到了你的短信内容，怎么办？下面就教给大家：设置-短信界面-关掉显示预览。这样短信来的时候就只有号码或者来电人名了，身边的人就不会看到你的短信内容了哦。

4. 有些朋友发现电用得飞快，其实是你开了没必要而又费电的东西：设置-WIFI-关闭；设置-邮件-获取新数据-关闭；设置-通用-定位服务-关闭；设置-通用-蓝牙-关闭；设置-亮度-自动亮度调节-关闭；另外每个月至少保证一次电循环（电循环：指把手机电用到自动关机，再连续充 6-8 个小时）

5. 苹果有 27 万个应用程序，正常可安装 2160 个软件，但软件多了经常要升级，导致 App Store 图标出现小红点，升级又麻烦，觉得非常扎眼，相信大多数人都有这种感觉。通过设置就可解决：设置-通用-访问限制-不启用安装应用程序，回到桌面就没有这个图标了，还可以防止乱下软件。

6. 您还在为睡觉时听歌，睡着后歌曲仍放个不停而烦恼吗？其实 iPhone 自带的时钟工具里可以选择定时关闭 iPod：先进 iPhone 自带的"时钟"，然后进"计时器"，再进"计时器结束时"，在里面找到"iPod 睡眠模式"，即可使用。

7. 苹果应用教程：iPhone 通讯录不得不说的秘密。如果说现在什么手机最被人们所期望，那么一定非 iPhone 莫属，但是当大家真正拿到这款手机的时候却有很多问题困扰着我们，手机在使用习惯上算是颠覆式的感觉，也是最让我们头疼的就是怎样将原有通信录中的大量联系人导入。

图 3-14　iPhone 使用说明书最终效果图

任务二　制作招聘信息

【操作要求】

打开本书配套素材"第 3 章"→"招聘信息"。

1. 设置边框

（1）设置"职位描述"的边框类型为三维，线型为双线，颜色为黑色，宽度为 1/4 磅，应用于文字。

（2）按照最终效果图 3-21 设置"联系方式"段落边框为方框，然后设置线型为单线，颜色为自动，宽度为 1/4 磅，应用于段落。

2．设置页面边框

按照最终效果图 3-21 设置页面边框，宽度为 3 磅，度量依据为页边，上下左右边距均为30 磅。

3．设置底纹

（1）设置"职位描述"底纹填充色为黄色，样式为 10%，颜色为橙色，应用于文字。

（2）按照最终效果图 3-21 为"联系方式"设置段落底纹填充色为浅蓝色，样式为 20%，颜色为浅绿色，应用于段落。

【操作步骤】

1．设置边框

（1）选中"职位描述"，选择"开始"菜单"段落"组中"边框和底纹"按钮 □▾，在"边框"选项卡中进行如图 3-15 所示的设置，单击"确定"按钮。

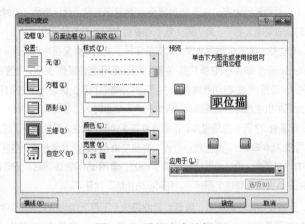

图 3-15　设置文字边框

（2）选中"联系方式"，选择"开始"菜单"段落"组中"边框和底纹"按钮 □▾，在"边框"选项卡中进行如图 3-16 所示的设置，单击"确定"按钮。

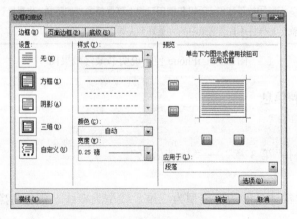

图 3-16　设置段落边框

2．设置页面边框

将光标置于文档中任意位置，打开"边框和底纹"对话框，在"页面边框"选项卡中进行如图 3-17 所示的设置，单击"选项"按钮，在"边框和底纹选项"对话框中进行如图 3-18 所示的设置，单击"确定"按钮返回"边框和底纹"对话框，单击"确定"按钮。

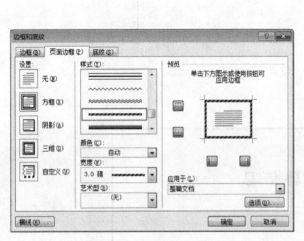
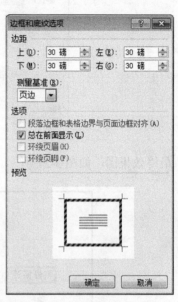

图 3-17　设置页面边框　　　　　　　　　　图 3-18　设置边框和底纹选项

3．设置底纹

（1）选中"职位描述"，选择"开始"菜单"段落"组中的"边框和底纹"按钮 ，在"底纹"选项卡中进行如图 3-19 所示的设置，单击"确定"按钮。

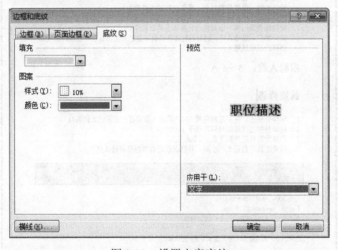

图 3-19　设置文字底纹

（2）选中"联系方式"，选择"开始"菜单"段落"组中"边框和底纹"按钮 ，在"底纹"选项卡中进行如图 3-20 所示的设置，单击"确定"按钮。

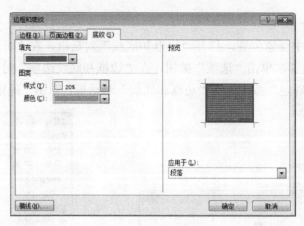

图 3-20 设置段落底纹

最终效果图，如图 3-21 所示。

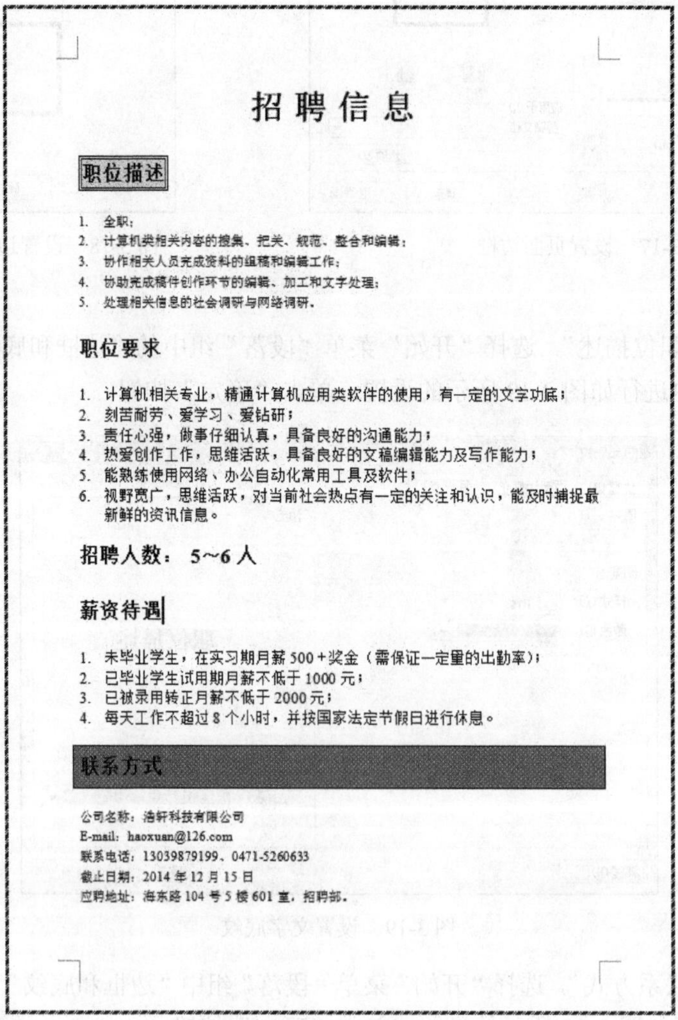

招 聘 信 息

职位描述

1. 全职；
2. 计算机类相关内容的搜集、把关、规范、整合和编辑；
3. 协作相关人员完成资料的组稿和编辑工作；
4. 协助完成稿件创作环节的编辑、加工和文字处理；
5. 处理相关信息的社会调研与网络调研。

职位要求

1. 计算机相关专业，精通计算机应用类软件的使用，有一定的文字功底；
2. 刻苦耐劳、爱学习、爱钻研；
3. 责任心强，做事仔细认真，具备良好的沟通能力；
4. 热爱创作工作，思维活跃，具备良好的文稿编辑能力及写作能力；
5. 能熟练使用网络、办公自动化常用工具及软件；
6. 视野宽广，思维活跃，对当前社会热点有一定的关注和认识，能及时捕捉最新鲜的资讯信息。

招聘人数： 5~6 人

薪资待遇

1. 未毕业学生，在实习期月薪 500 + 奖金（需保证一定量的出勤率）；
2. 已毕业学生试用期月薪不低于 1000 元；
3. 已被录用转正月薪不低于 2000 元；
4. 每天工作不超过 8 个小时，并按国家法定节假日进行休息。

联系方式

公司名称：浩轩科技有限公司
E-mail：haoxuan@126.com
联系电话：13039879199、0471-5260633
截止日期：2014 年 12 月 15 日
应聘地址：海东路 104 号 5 楼 601 室，招聘部。

图 3-21 招聘信息最终效果图

任务三　制作月末总结

【操作要求】

打开本书配套素材"第3章"→"月末总结"文档。

1．设置文档的字符格式化

（1）设置标题字体黑体，字号小初，字体颜色为橙色，字符间距加宽8磅。

（2）设置正文字号为小四，其中文档中的两个节标题，字号为四号，字形加粗。

2．设置文档的段落格式

（1）设置标题为居中对齐方式。

（2）设置两个节标题段前、段后各0.5行。

（3）设置除标题外的其他各段为首行缩进2个字符。

3．添加项目编号

按照最终效果图3-29为正文第六、七段添加项目编号。

4．添加边框和底纹

（1）设置两个节标题底纹填充色为茶色，应用于段落。

（2）设置页面边框线型艺术型，宽度为18磅。

【操作步骤】

1．设置文档的字符格式化

（1）选中标题文本，选择"开始"菜单"字体"按钮　，在"字体"选项卡中进行如图 3-22 所示的设置，单击"确定"按钮；在"字符间距"选项卡中进行如图 3-23 所示设置，单击"确定"按钮。

图 3-22　设置标题字体

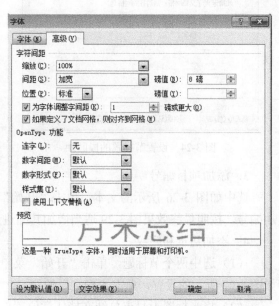

图 3-23　设置标题字符间距

（2）选中正文，单击"开始"菜单工具栏"字号"按钮五号 ▾右侧的按钮▾，在展开的列表中选择"小四号"，再选中文档中的两个节标题"一、思想方面""二、工作方面"，单击"开始"菜单工具栏"字号"按钮五号 ▾右侧的按钮▾，在展开的列表中选择"四号"，单击"加粗"按钮**B**加粗节标题。

2．设置文档的段落格式

（1）将光标置于"月末总结"文档的标题行，单击"开始"工具栏中的"居中"按钮≡，将标题居中对齐。

（2）选中两个节标题"一、思想方面""二、工作方面"，选择"开始"菜单中的"段落"按钮 ▫，在"缩进和间距"选项卡中进行如图 3-24 所示的设置，单击"确定"按钮。

（3）选中除标题外所有文本，单击"开始"工具栏中的"段落"按钮 ▫，在"缩进和间距"选项卡中进行如图 3-25 所示设置，单击"确定"按钮。

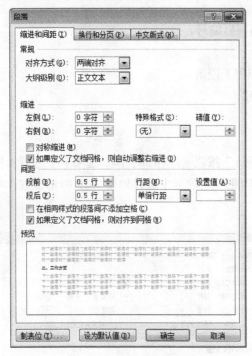

图 3-24　设置节标题的段间距

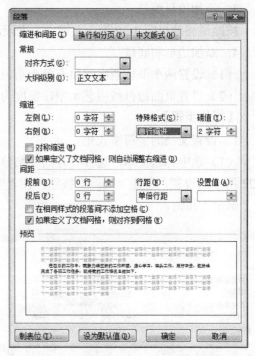

图 3-25　设置正文文本的段落格式

3．添加项目编号

选中如图 3-26 所示的文本，单击"开始"菜单中的"编号"按钮 ≡▾，为所选的文本添加编号，按照最终效果图 3-29 适当增加其缩进量。

4．添加边框和底纹

（1）选中两个节标题，单击"开始"菜单"边框和底纹"对话框，在底纹选项卡中进行如图 3-27 所示的设置，单击"确定"按钮。

（2）将光标置于月末总结文档任意位置，打开"边框和底纹"对话框，在"页面边框"选项卡中进行如图 3-28 所示的设置，单击"确定"按钮。到此，本实例便完成了。

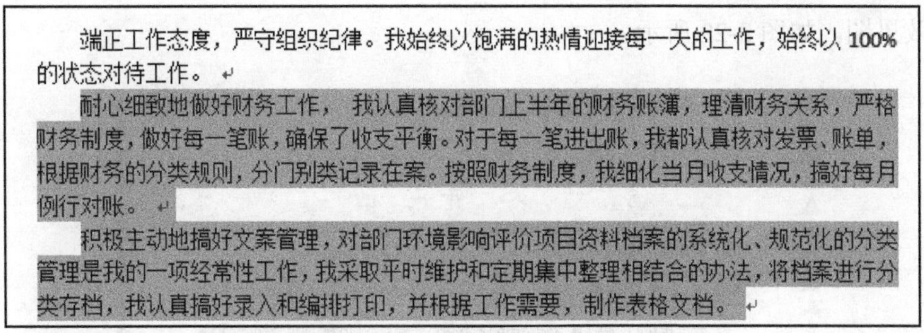

端正工作态度，严守组织纪律。我始终以饱满的热情迎接每一天的工作，始终以 **100%** 的状态对待工作。

　　耐心细致地做好财务工作，我认真核对部门上半年的财务账簿，理清财务关系，严格财务制度，做好每一笔账，确保了收支平衡。对于每一笔进出账，我都认真核对发票、账单，根据财务的分类规则，分门别类记录在案。按照财务制度，我细化当月收支情况，搞好每月例行对账。

　　积极主动地搞好文案管理，对部门环境影响评价项目资料档案的系统化、规范化的分类管理是我的一项经常性工作，我采取平时维护和定期集中整理相结合的办法，将档案进行分类存档，我认真搞好录入和编排打印，并根据工作需要，制作表格文档。

图 3-26　要添加编号的文字内容

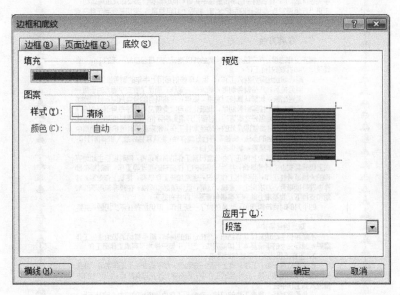

图 3-27　设置段落底纹

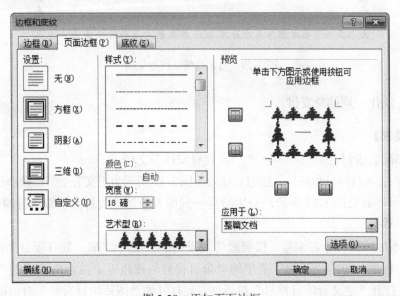

图 3-28　添加页面边框

最终效果图，如图 3-29 所示。

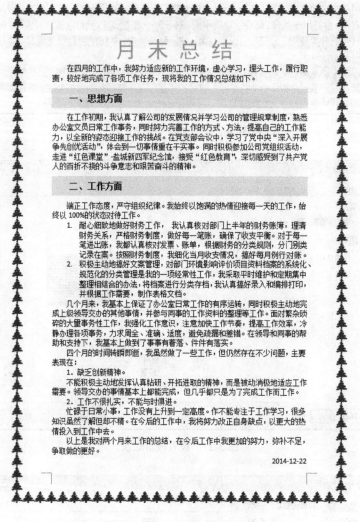

图 3-29　月末总结最终效果图

任务四　制作一周健身安排

【操作要求】

打开本书配套素材"第三章"→"一周健身安排"文档。

1. 快速添加项目符号和编号，按照最终效果图 3-32 所示为正文五个节标题添加项目符号。

2. 按照最终效果图 3-32 所示，分别给周一到周五的健身项目内容做项目编号。

【操作步骤】

1. 快速添加项目符号和编号。按照最终效果图 3-32 选中"周一健身项目"到"周五健身项目"五个节标题，单击"开始"菜单的"项目符号"按钮下拉箭头底部的"定义新项目符号"选项，打开"定义新项目符号"对话框。在打开的"图片项目符号"对话框中进行如图

3-30 所示设置，单击"确定"按钮。

2. 选中"周一健身项目"下的内容，单击"开始"菜单的"项目编号"按钮三·下拉箭头底部的"定义新编号格式"选项，打开"定义新编号格式"对话框进行如图 3-31 所示设置，单击"确定"按钮。同理，再进行"周二健身项目"到"周五健身项目"以上内容的设置。到此，本实例便完成了。

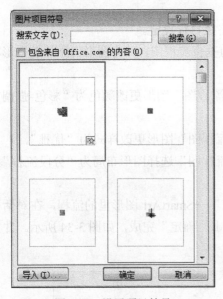

图 3-30　设置项目符号

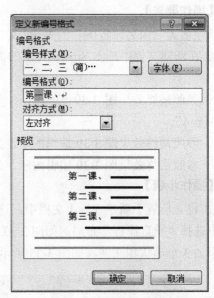

图 3-31　设置项目编号

最终效果图，如图 3-32 所示。

图 3-32　"一周健身安排"最终效果图

3.3　图文混排

任务一　制作报名流程图

【操作要求】

新建名为"报名流程图"的 Word 文档，保存路径自行设定。

1．在新建文档中插入 SmartArt 里的流程图，为垂直流程图，并为图形再添加 3 个形状和文字。

2．参照最终效果图 3-39 编辑图示，为"报名流程图"图形更改颜色为"彩色-强调文字颜色 3 至 4"。

3．参照最终效果图 3-39 编辑图示，为"报名流程图"图形更改样式为"优雅"。

4．参照最终效果图 3-39 编辑图示，为"报名流程图"选择图形布局为"分段流程"。

【操作步骤】

1．将光标置于新建 Word 文档中，选择"插入"→SmartArt 图形里的流程，在对话框中间栏中选择"垂直流程"布局，如图 3-33 所示，单击"确定"完成，如图 3-34 所示。并为图示再添加 3 个形状和文字，如图 3-35 所示。

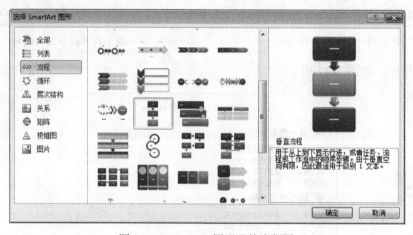

图 3-33　SmartArt 图形里的流程图

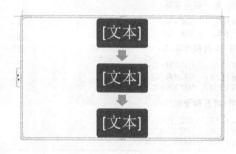

图 3-34　插入垂直流程

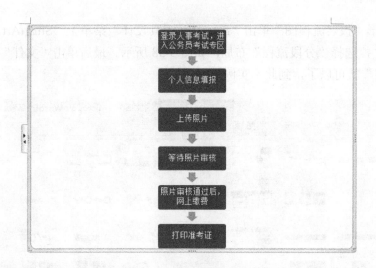

图 3-35　添加新的形状和文字

2．选中图形"报名流程图"单击"SmartArt 工具设计"菜单上"SmartArt 样式组"中的"更改颜色"按钮，选择"彩色-强调文字颜色 3 至 4"，如图 3-36 所示。

图 3-36　更改颜色

3．选中图形"报名流程图"单击"SmartArt 工具设计"菜单上"SmartArt 样式组"中的"其他"按钮，选择"优雅"样式，如图 3-37 所示。

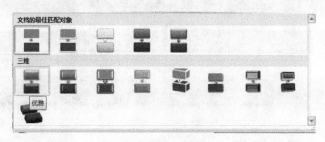

图 3-37　更改样式

4. 选中图形"报名流程图"单击"SmartArt 工具设计"菜单上"SmartArt 样式组"中的"其他"按钮 ，选择"分段流程"布局，如图 3-38 所示。最后单击"文件"菜单"保存"成"报名流程图"就可以了，到此本实例便完成了。

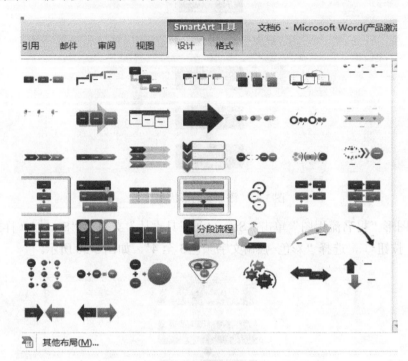

图 3-38　选择图形布局

最终效果图，如图 3-39 所示。

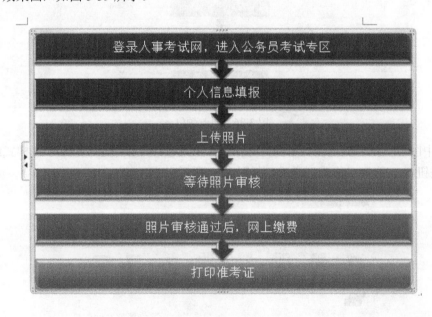

图 3-39　报名流程图最终效果图

任务二　制作节日贺卡

【操作要求】

打开本书配套素材"第3章"→"贺卡"文档。

1．插入文本框，并输入"我们拥有许多玫瑰、星辰、日落、彩虹、兄弟、姐妹、亲戚和朋友……"设置字体为"华文琥珀"，字号为"22"，字体颜色为深红，并设置文本框为"无填充""无线条"。

2．再插入一个文本框，输入文本"但整个世界上只有一个母亲。"，设置"字体"为"华文琥珀"，字号为"22"，字体颜色为深红，字形为"倾斜"，再输入"～凯特•道格拉斯•维言"设置字体为"华文琥珀"，字号为"16"，字形为"倾斜"，并设置文本框为"无填充""无线条"。

3．插入艺术字"母亲节快乐！"，并设置"文本效果"为"左牛角形"。

4．将右下角的小花图片放大，设置其环绕方式为"浮于文字上方"。

【操作步骤】

1．单击"插入"菜单里"文本框"中的"绘制文本框"，在图片右边绘制好文本框，输入"我们拥有许多玫瑰、星辰、日落、彩虹、兄弟、姐妹、亲戚和朋友……"，并设置字体为"华文琥珀"，字号为"22"，字体颜色为深红，如图3-40所示，选中"文本框"右击选择"设置形状格式"里填充为"无填充"，线条颜色为"无线条"，单击"关闭"按钮，如图3-41所示。

图3-40　设置文本格式　　　　　　　　　图3-41　设置文本框形状格式

2．单击"插入"菜单里"文本框"中的"绘制文本框"，在图片右边绘制好文本框，输入"但整个世界上只有一个母亲。"，并设置字体为"华文琥珀"，字号为"22"，字体颜色为深红，字形为"倾斜"，再输入"凯特道格拉斯维言"，设置字体为"华文琥珀"，字号为"16"，字形为"倾斜",如图 3-42 所示。将光标放在"凯特道格拉斯维言"的前面,单击"插入"菜单"符号",选择如图 3-43 所示,同理,再插入符号"•"。最后选中"文本框"右击选择"设置形状格式"里填充为"无填充",线条颜色为"无线条",单击"关闭"按钮。

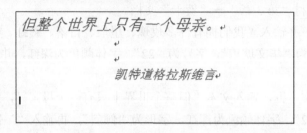

图 3-42 设置文本格式

图 3-43 插入符号

3.单击"插入"菜单"艺术字",选择"第五行第五列",再输入"母亲节快乐!",如图 3-44 所示。然后再选中"母亲节快乐!",单击"绘图工具"格式菜单里"文本效果"按钮,选择"转换"里"左牛角形",如图 3-45 所示。

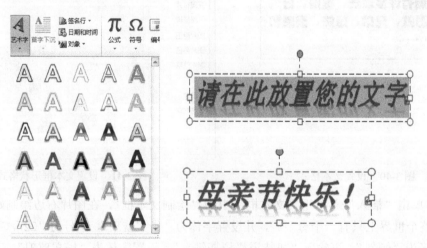

图 3-44 选择艺术字样式并输入艺术字

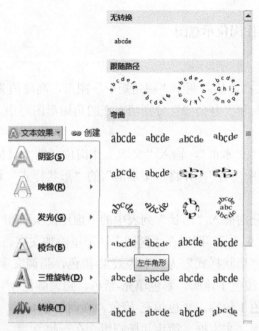

图 3-45　更改艺术字样式

4．选中"小花"将其放大，插入一个文本框放到合适位置，将小花图片拖进文本框中，设置其环绕方式为"浮于文字上方"，再将文本框设置为"无线条"和"无填充"。到此，本实例便完成了。

最终效果图如图 3-46 所示。

图 3-46　节日贺卡最终效果图

任务三　制作文职工作岗位示意图

【操作要求】

1．新建一个 Word 文档，插入两个"圆角矩形"图形，高度值为 3.8 厘米。

2．将图片"办公 1"和"办公 2"分别填充在圆角矩形图形中，并设置"圆角矩形"样式为"无轮廓"。

3．在图片下面插入"文本框"，输入"文职工作岗位（能力目标）"，设置"字符格式"为"华文中宋、小二、居中对齐"。并将"文本框"的"形状样式"设置为"中等效果-橙色，强调文字颜色 6"。

4．在"文本框"下分别插入"形状"列表中的"虚尾箭头"和"椭圆"图形，并将"虚尾箭头"图形"向右旋转 90°"，同时在"椭圆"图形里添加文字。

5．为三个箭头设置"形状样式"为"中等效果-橙色，强调文字颜色 6"，为三个椭圆分别设置"形状样式"为"浅色 1 轮廓，彩色填充-紫色，强调颜色 4""浅色 1 轮廓，彩色填充-蓝色，强调颜色 1""浅色 1 轮廓，彩色填充-橙色，强调颜色 6"。

6．最后将绘制的矩形、文本框、箭头和椭圆组合在一起。

【操作步骤】

1．新建一个 Word 文档，单击"插入"菜单里"形状"的"圆角矩形"图形，按下鼠标左键并拖动，在文档页面上方绘制一个高度为 3.8 厘米的圆角矩形。选中"圆角矩形"右击，选择"其他布局选项"设置高度，如图 3-47 所示。选中"圆角矩形"再同时按住 Ctrl 键和 Shift 键，将绘制好的图形水平复制到页面右侧，如图 3-48 所示。

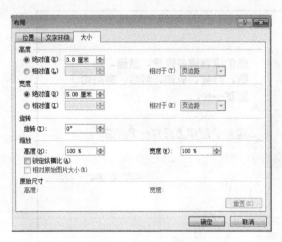

图 3-47　设置图形高度

图 3-48　绘制圆角矩形

2．选中第一个"圆角矩形"图形，单击"绘图工具"菜单"形状填充"按钮右侧的三角按钮，在展开的列表上选择"图片"项，打开"插入图片"对话框，选择"办公1"图片，单击"插入"按钮。用同样的方法将"办公 2"图片填充在右侧的圆角矩形中，然后选中这两个矩形，单击"绘图工具"菜单"形状轮廓"按钮右侧的三角按钮，在展开的列表中选择"无轮廓"项，如图 3-49 所示。

图 3-49　填充图片和设置轮廓

3．在"圆角矩形"列表下选择"文本框"工具，按下鼠标左键并拖动，绘制一个文本框，并输入"文职工作岗位（能力目标）"文本，再利用"开始"菜单设置其字符格式为"华文中宋、小二、居中对齐"，如图 3-50 所示。选中"文本框"单击"绘图工具"菜单里"形状样式"组中的其他按钮，选择"中等效果-橙色，强调文字颜色 6"，如图 3-51 所示。

图 3-50　绘制文本框并输入、设置文本

文职工作岗位（能力目标）

图 3-51　设置文本框样式

4．单击"插入"菜单"形状"里"虚尾箭头"和"椭圆"图形，按下鼠标左键并拖动，分别在"文本框"下面绘制"虚尾箭头"和"椭圆"图形，如图 3-52 所示。选中绘制好的"虚尾箭头"图形，单击"绘图工具"里的"格式"选项卡上"旋转"按钮里"向右旋转 90°"项，将旋转后的图形移动到椭圆中间位置，然后同时选中箭头和椭圆图形，按住 Ctrl 键和 Shift 键，向右拖动图形，将其水平复制两份，如图 3-53 所示。按住并右击"椭圆"图形选择"添加文字"项，分别在三个"椭圆"图形里添加文字，如图 3-54 所示。

图 3-52　绘制箭头和椭圆

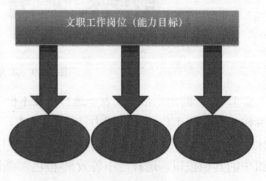

图 3-53　旋转箭头和水平复制图形

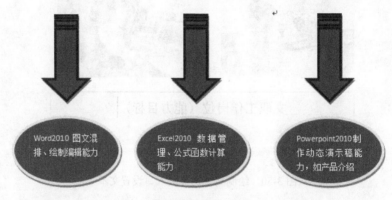

图 3-54　添加文字

5. 选中三个箭头，在"绘图工具"格式菜单里"形状样式"列表中选择"中等效果-橙色，强调文字颜色 6"。从左至右依次选中箭头下方的三个椭圆，分别在"绘图工具"格式菜单里"形状样式"列表中选择"浅色 1 轮廓，彩色填充-紫色，强调颜色 4""浅色 1 轮廓，彩色填充-蓝色，强调颜色 1""浅色 1 轮廓，彩色填充-橙色，强调颜色 6"样式，如图 3-55 所示。

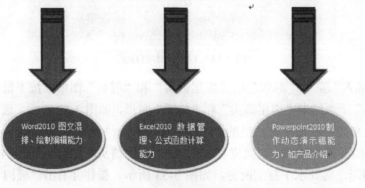

图 3-55　设置椭圆形状样式

6. 按住 Ctrl 键，单击矩形、文本框、箭头和椭圆，然后右击，在弹出的快捷菜单中选择"组合"项里"组合"，如图 3-56 所示。至此，本实例便完成了。

图 3-56　组合图形及效果

最终效果图如图 3-57 所示。

图 3-57　文职工作岗位示意图最终效果图

任务四　制作毕业纪念册扉页

【操作要求】

打开本书配套素材"第三章"→"毕业纪念册扉页"文档。

1．在标题"别了　大学"后插入剪贴画"buses"，并将其高度和宽度都设置为 2.17 厘米。

2．在正文第二段前插入图片"毕业照 1"，高度为 5 厘米，宽度为 3.61 厘米，并设置为"四周型环绕"，图片样式设置为"旋转，白色"。

3．在正文第七段后插入图片"毕业照 2"，文字环绕方式为"紧密型环绕"，图片样式设置为"圆形对角，白色"。

【操作步骤】

1．将光标定在标题"别了　大学"文本的右侧，单击"插入"菜单里"剪贴画"按钮，单击剪贴画窗格上方的"搜索"按钮，找到"buses"图单击，选中"buses"图单击"图片工具"里的"大小"分别设置高度和宽度为 2.17 厘米，如图 3-58 所示。

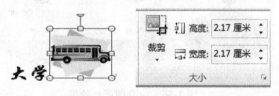

图 3-58　设置剪贴画大小

2．将光标定在第二段的开头，单击"插入"菜单里"图片"按钮，选择本书配套素材"毕业照 1"图片，单击"插入"按钮。选中"毕业照 1"单击"图片工具"里"大小"，设置高度为 5 厘米，宽度为 3.61 厘米，并在"自动换行"列表中选择"四周型环绕"方式，单击"图片样式"组中"其他"按钮，选择"旋转，白色"，如图 3-59 所示。

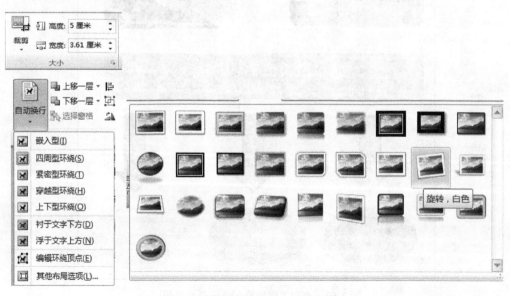

图 3-59　设置"毕业照 1"图片格式

3. 在正文第七段后面插入本书配套素材"毕业照2"，选中"毕业照2"单击"图片工具"，在"自动换行"列表中选择"紧密型环绕"方式，单击"图片样式"组中"其他"按钮，选择"圆形对角，白色"，如图3-60所示。到此，本实例便完成了。

这一次，我不是去买盒饭，去附近的网吧上网，去校外的小店闲逛，或者是睡眼惺忪地跑去上课。这一次，我会很郑重地对这个留下我四年青春的地方说一声——再见！

再见了，我的宿舍，

再见了，我的兄弟，

再见了，我的青春，

再见，我的大学。

青春散场，我们等待下一场开幕。等待我们在前面的旅途里，迎着阳光，勇敢地飞向心里的梦想；等待我们在前面的故事里，就着星光，回忆这生命中最美好的四年，盛开过的花……

图3-60 设置"毕业照2"图片格式

最终效果图如图3-61所示。

别了 大学

今天是毕业生离校的最后一天。在这两天里，其它三个姐妹已经陆续撤走了。如今的宿舍空荡凌乱，大家带不走或不愿带走的东西，都横七竖八地躺在地上。我打开灯，开始最后的整理。

大一潦草的笔记，大二组织活动剩下的稿件，大三没吃完的药，大四考研复习的资料。纸片上的电话已经不记得是谁的了，一堆英语书好像都没有看过……看着看着，我真不知不觉落下泪来，只有我才能理解每一笔每一划里包含的意义。还是留下了很多东西没有拿走，可更多更重要的东西不也永远地留在了这里了吗？不论是我带走的还是留下的，都是我大学四年最真实的写照。

最后环视一下空荡的宿舍。那只小猪靠垫实在塞不进箱子了，只能留在那里。那口锅也没有带走，而未来想必也不会再煮出当时的好味道了。手里的东西都已经满了，这些就都当作留念，留在这里吧。

依依不舍地关了灯。那一刹那，心里迅速划过一阵尖利的痛。想起四个字，青春散场。四年以前，我拎着简单的行李来到这里，而今天，我重新拎起新的行李，将要开始下一站的生活。

像这四年里的每一天一样，我沿着再熟悉不过的路线走出公寓的大门，不过当我的脚步跨出门槛的一刹那，我将不再是这里的一员。

这一次，我不是去买盒饭，去附近的网吧上网，去校外的小店闲逛，或者是睡眼惺忪地跑去上课。这一次，我会很郑重地对这个留下我四年青春的地方说一声—— 再见！

再见了，我的宿舍，

再见了，我的兄弟、姐妹，

再见了，我的青春，

再见，我的大学。

青春散场，我们等待下一场开幕。等待我们在前面的旅途里，迎着阳光，勇敢地飞向心里的梦想；等待我们在前面的故事里，就着星光，回忆这生命中最美好的四年，盛开过的花……

图3-61 毕业纪念册扉页最终效果图

<h1 style="text-align:center">3.4　文档排版</h1>

任务一　编辑杂志

【操作要求】

打开本书配套素材"第三章"→"杂志"文档。

1．分别在"健康"和"美食"文本所在段落的左侧插入"分隔符"列表中"下一页"。

2．分别为奇数页添加页眉为"热情"，偶数页添加"感受"。页码设置为"星型"样式。

3．将第 2 节奇数页页眉更改为"健康"，将第 3 节奇数页页眉更改为"美食"。

【操作步骤】

1．分别将光标定在"健康"和"美食"文本所在段落的左侧，单击"页面布局"菜单里"分隔符"列表中"下一页"项，如图 3-62 所示。

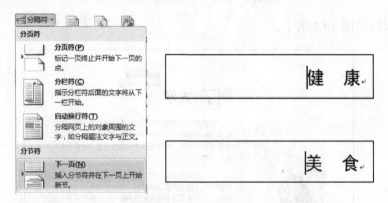

图 3-62　为文档分页

2．在首页页眉处双击，进入"页眉和页脚"编辑状态下，单击"页眉和页脚工具"里"奇偶页不同"复选框，接着在奇数页第 1 节页眉处输入"热情"，在偶数页第 1 节页眉处输入"感受"，如图 3-63 所示。然后单击"转至页脚"按钮，单击"页码"按钮，在展开的列表中选择"页面底端"里"星型"样式，用同样的方法在偶数页页脚也选择该页脚样式，如图 3-64 所示。

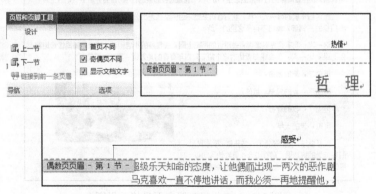

图 3-63　分别为奇数页和偶数页设置页眉

图 3-64 设置页码样式

3．在第 2 节奇数页页眉中，单击"导航"组中"链接到前一页页眉"按钮，取消它与上一节页眉的链接，此时页眉右下角的"与上一节相同"字样消失，然后输入"健康"，同理，在第 3 节奇数页页眉中输入新的页眉"美食"，如图 3-65 所示。

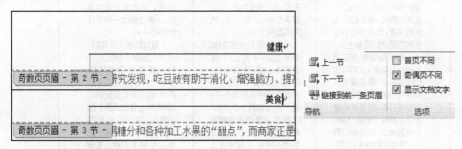

图 3-65 更改第 2 节和第 3 节奇数页页眉

任务二 编辑秋夜

【操作要求】

打开本书配套素材"第三章"→"秋夜"文档。

将正文分为三栏，加分隔线，间距设置为 4 字符。

【操作步骤】

选中所有正文文本，然后单击"页面布局"菜单里"分栏"按钮的下拉箭头里"更多分栏"项，打开"分栏"对话框，单击"预设"区的"三栏"项，选中"分隔线"复选框，然后在"宽度和间距"设置区的"间距"里输入 4 字符，单击"确定"按钮，如图 3-66 所示。

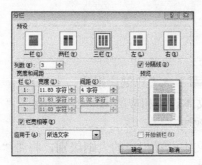

图 3-66 设置分栏选项

最终效果图如图 3-67 所示。

秋 夜

鲁 迅

在我的后园，可以看见墙外有两株树，一株是枣树，还有一株也是枣树。这上面的夜的天空，奇怪而高，我生平没有见过这样的奇怪而高的天空。他仿佛要离开人间而去，使人们仰面不再看见。然而现在却非常之蓝，闪闪地眨着几十个星星的眼，冷眼。他的口角上现出微笑，似乎自以为大有深意，而将繁霜洒在我的园里的野花草上。

我不知道那些花草真叫什么名字，人们叫他们什么名字。我记得有一种开过极细小的粉红花，现在还开着，但是更极细小了，她在冷的夜气中，瑟缩地做梦，梦见春的到来，梦见秋的到来，梦见瘦的诗人将眼泪擦在她最末的花瓣上，告诉她秋虽然来，冬虽然来，而此后接着还是春，胡蝶乱飞，蜜蜂都唱起春词来了。她于是一笑，虽然颜色冻得红惨惨地，仍然瑟缩着。

枣树，他们简直落尽了叶子。先前，还有一两个孩子来打他们，别人打剩的枣子，现在是一个也不剩了，连叶子也落尽了，他知道小粉红花的梦，秋后要有春；他也知

道落叶的梦，春后还是秋。他简直落尽叶子，单剩干子，然而脱了当初满树是果实和叶子时候的弧形，欠伸得很舒服。但是，有几枝还低亚着，护定他从打枣的竿梢所得的皮伤，而最直最长的几枝，却已默默地铁似的直刺着奇怪而高的天空，使天空闪闪地鬼陜眼；直刺着天空中圆满的月亮，使月亮窘得发白。

鬼陜眼的天空越加非常之蓝，不安了，仿佛想离去人间，避开枣树，只将月亮剩下。然而月亮也暗暗地躲到东边去了。而一无所有的干子，却仍然默默地铁似的直刺着奇怪而高的天空，一意要制他的死命，不管他各式各样地睐着许多蛊惑的眼睛。

哇的一声，夜游的恶鸟飞过了。

我忽而听到夜半的笑声，吃吃地，似乎不愿意惊动睡着的人，然而四围的空气都应和着笑。夜半，没有别的人，我即刻听出这声音就在我嘴里，我也立即被这笑声所驱逐，回进自己的房。灯火的带子也即刻被我旋高了。

后窗的玻璃上丁丁

地响，还有许多小飞虫乱撞。不多久，几个进来了，许是从窗纸的破孔进来的。他们一进来又在玻璃的灯罩上撞得丁丁地响。一个从上面撞进去了，他于是遇到火，而且我以为这火是真的。两三个却休息在灯的纸罩上喘气。那罩是昨晚新换的罩，雪白的纸，折出波浪纹的叠痕，一角还画出一枝猩红色的栀子。

猩红的栀子开花时，枣树又要做小粉红花的梦，青葱地弯成弧形了……我又听到夜半的笑声；我赶紧砍断我的心绪，看那老在白纸罩上的小青虫，头大尾小，向日葵子似的，只有半粒小麦那么大，遍身的颜色苍翠得可爱，可怜。我打一个呵欠，点起一支纸烟，喷出烟来，对着灯默默地敬奠这些苍翠精致的英雄们。

一九二四年九月十五日。

摘抄于"美文欣赏——现代名家散文欣赏"

图 3-67　秋夜最终效果图

任务三　编辑亚健康报告

【操作要求】

打开本书配套素材"第三章"→"亚健康报告"文档。

1. 为需要提取为目录的文本设置相应的大纲级别，将带"一""二""三"……序号的段落的"大纲级别"设置为"2 级"。

2. 为需要提取为目录的文本设置相应的大纲级别，将带"1""2""3"……序号的段落的"大纲级别"设置为"3 级"。

3．把所有标题行下的内容折叠。

4．制作目录，样式为"自动目录1"。

5．为文档中的"亚健康""疾病""污染"标记索引和制作索引目录。

【操作步骤】

1．为需要提取为目录的文本设置相应的大纲级别

打开文档后，单击"视图"菜单里"大纲视图"，按下 Ctrl 键，同时选中所有前面带有大写数字标题，选择大纲级别 2 级，如图 3-68 所示。

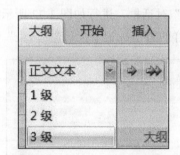

图 3-68 设置标题大纲级别

同理，打开文档后，单击"视图"菜单里"大纲视图"，按下 Ctrl 键，同时选中所有前面带有阿拉伯数字的标题，选择大纲级别 3 级。

在大纲视图下，将光标定在每一个标题行内任意位置，单击"大纲"工具栏中的"折叠"按钮，如图 3-69 左图所示，即可将该标题行下的内容折叠。此时折叠的标题下面有虚线，如图 3-69 右图所示。

图 3-69 折叠标题下的内容

2．为文档创建目录

切换到页面视图，单击“引用”菜单里“目录”按钮，在展开的列表中选择“自动目录 1”样式，如图 3-70 所示。

目 录

亚健康报告……1
一、概况……1
二、亚健康概念……1
三、亚健康形成因素……1
1.大气化学性污染……1
2.心态情绪、生活方式……2
3.食物结构……3
4.化学药品、合成药物的毒副作用……3
四、预防亚健康的良方……4
五、总结……4

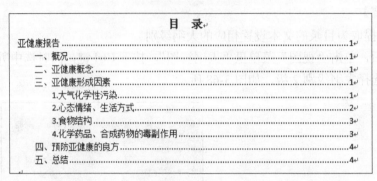

图 3-70　创建的目录

3．为文档添加索引

（1）选中要作为索引项的文本“亚健康”，单击“引用”菜单里“索引”组中的“标记索引项”按钮，如图 3-71 所示，进入“标记索引项”对话框，进行如图 3-72 所示的设置，单击“标记全部”按钮，再单击“关闭”按钮。以同样的方法标记“疾病”“污染”索引项。

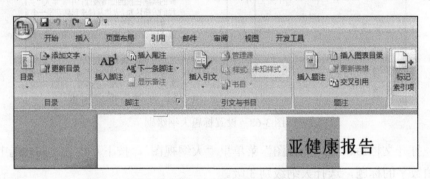

图 3-71　选取索引文本后单击“标记索引项”按钮

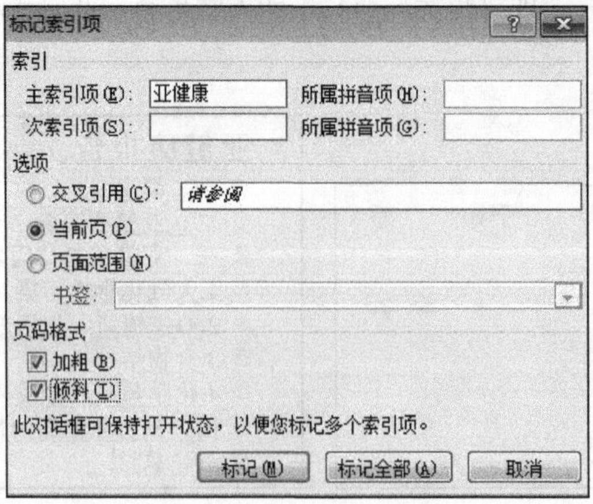

图 3-72　“标记索引项”对话框

（2）将光标置于图 3-73 左上图所示位置，选择"引用"菜单里"索引"组中的"插入索引"按钮，打开"索引"对话框，进行如图 3-73 右上图所示的设置，单击"确定"按钮，效果如图 3-73 下图所示。到此，本实例便完成了。

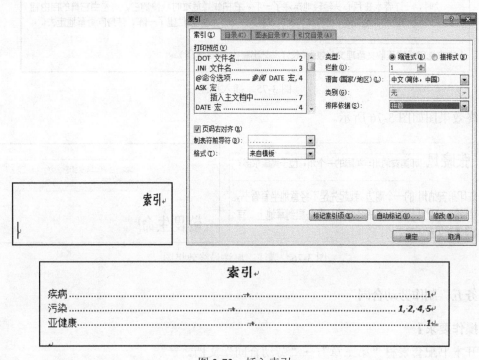

图 3-73　插入索引

任务四　编辑散文二篇

【操作要求】

打开本书配套素材"第三章"→"散文二篇"文档。

1．为"印第安纳州"插入脚注。

2．为"敬畏生命"插入尾注。

【操作步骤】

1．将光标置于"印第安纳州"后，单击"引用"菜单"脚注"组中的"插入脚注"按钮，此时，光标跳转至页面底端的脚注编辑区，输入需要的注释文本即可，如图 3-74 所示。

> 它从哪儿来？要飞向哪儿去？我痴痴望着它。忽然像有一滴圣洁的水滴落在灵魂深处，我的心灵给一道白闪闪的柔软而又强烈的光照亮了。
>
> 我弯下身，小心翼翼地把白蝴蝶捏起来，放在手心里。
>
> 这已经冻僵了的小生灵发蔫了，它的细细的足脚动弹了一下，就歪倒在我的手中。
>
> ---
> ¹ 印第安纳州：美国的一个州，位于美国东部。

图 3-74　插入的脚注

2．将光标置于“敬畏生命”后，单击“引用”菜单“脚注”组中的“插入尾注”按钮，此时，光标跳转至文档结束的尾注编辑区，输入尾注文本即可，如图 3-75 所示。

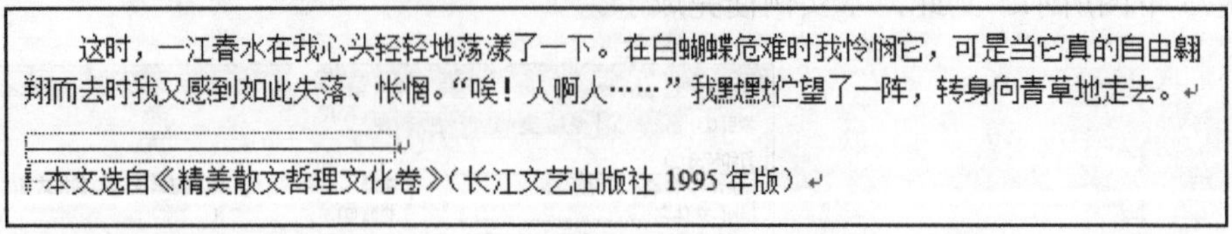
这时，一江春水在我心头轻轻地荡漾了一下。在白蝴蝶危难时我怜悯它，可是当它真的自由翱翔而去时我又感到如此失落、怅惘。“唉！人啊人……”我默默伫望了一阵，转身向青草地走去。
本文选自《精美散文哲理文化卷》（长江文艺出版社 1995 年版）

图 3-75 插入尾注

最终效果图如图 3-76 所示。

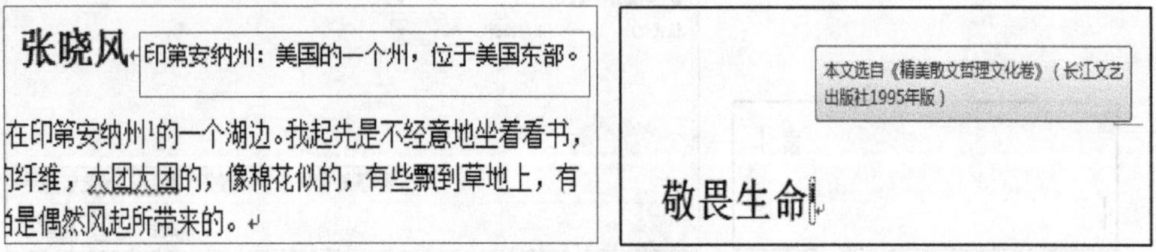
张晓风
印第安纳州：美国的一个州，位于美国东部。
在印第安纳州¹的一个湖边。我起先是不经意地坐着看书，
的纤维，大团大团的，像棉花似的，有些飘到草地上，有
是偶然风起所带来的。
本文选自《精美散文哲理文化卷》（长江文艺出版社1995年版）
敬畏生命

图 3-76 脚注、尾注最终效果图

任务五 制作劳动合同

【操作要求】

打开本书配套素材“第三章”→“劳动合同”文档。

1．应用内置样式与自定义样式

（1）对标题应用“标题 1”样式。

（2）自定义一个标题样式，样式名称为“自定义标题 2”，样式类型为段落，样式基于“标题 2”，后续段落样式为正文，字体为宋体、小四，首行缩进 0.74 厘米，段前、段后间距为 6 磅，单倍行距。

（3）自定义一个项目编号样式，样式名称为“项目文字”，样式基于“正文”，样式类型为段落，后续段落样式为正文，字体为宋体、五号，项目符号为实心菱形，大纲级别为正文文本，段落左缩进 0.74 厘米，首行缩进 0.74 厘米，单倍行距。

（4）对文档中的“第一条”～“第七条”和“附则”所在段落应用“自定义标题 2”样式。

（5）对文档中“第五条”的“（一）”“（二）”和“（三）”项目中所包含的段落应用“项目文字”样式。

2．管理样式

（1）修改“标题 1”样式格式为居中。

（2）修改“正文”样式段落缩进方式为首行缩进 0.74 厘米。

【操作步骤】

1．应用内置样式与自定义样式

（1）将光标置于标题中，单击“开始”菜单“样式”里“标题 1”样式，如图 3-77 所示。

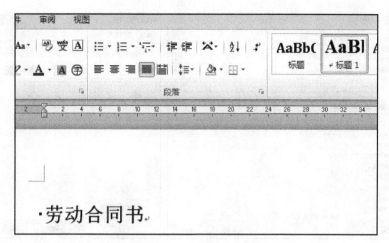

图 3-77　应用内置标题样式

（2）单击"开始"菜单中"样式"组右下角的对话框启动器按钮，打开"样式"任务空格，单击空格左下角的"新建样式"按钮，打开"根据格式设置创建新样式"对话框，进行如图 3-78 左图所示的输入和设置，单击"格式"按钮，在展开的列表中选择"段落"，在"段落"对话框中进行如图 3-78 右图所示的设置，最后分别在"段落"和"根据格式设置创建新样式"对话框中单击"确定"按钮。

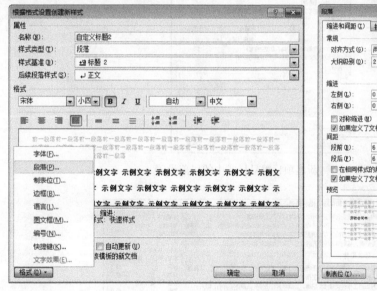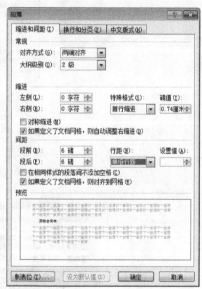

图 3-78　新建标题样式

（3）参照（2）步骤，再新建一个"项目文字"样式，如图 3-79 和图 3-80 所示。

（4）按住 Ctrl 键的同时选中合同文档中的"第一条"～"第七条"和"附则"所在段落，单击"样式"任务窗格中新建的样式"自定义标题 2"，为所选段落应用该样式。

（5）选中"第五条"的"（一）""（二）"和"（三）"项目中所包含的段落，对其应用自定义的样式"项目文字"，如图 3-81 所示。

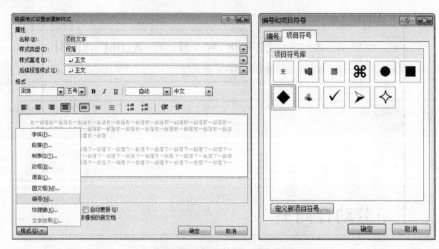

图 3-79　新建项目编号样式

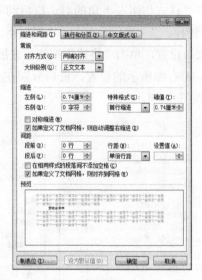

图 3-80　新建项目编号样式中的段落设置

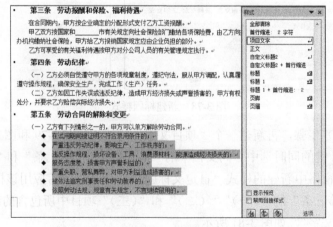

图 3-81　应用样式

2．管理样式

（1）将鼠标指针置于"样式"任务窗格要修改的样式"标题 1"上，单击其右侧的按钮，在展开的列表中选中"修改"，如图 3-82 所示，打开"修改样式"对话框。单击"格式"设置区的"居中"按钮，如图 3-83 所示，单击"确定"按钮。

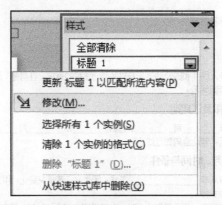

图 3-82　修改标题 1 样式

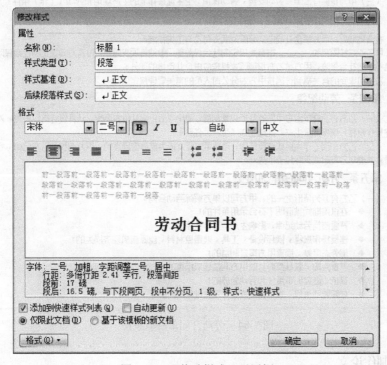

图 3-83　"修改样式"对话框

（2）参照步骤（1）修改"正文"样式段落缩进方式为首行缩进 0.74 厘米。到此，本实例便完成了。

最终效果图如图 3-84 所示。

劳动合同书

用工单位（以下简称甲方）：
住所地：
法定代表人：
委托代理人：
员工姓名（以下简称乙方）：
户口所在地：
现住址：
身份证号码：

甲乙双方根据《中华人民共和国劳动法》及有关劳动法规的规定，在自愿、协商一致的基础上，签订本合同，以确立双方的劳动关系。

第一条　合同期限及试用期

合同期从＿＿＿＿年＿＿＿＿月＿＿＿＿日起到＿＿＿＿年＿＿＿＿月＿＿＿＿日止。其中前＿＿＿个月为试用期。合同期满后，劳动合同即行终止。

第二条　工作任务、时间与条件

（一）甲方安排乙方从事＿＿＿＿＿＿＿＿工作，因生产经营情况变化，甲方可以调整乙方的工作或工种，乙方应服从甲方的安排。

（二）乙方每周工作五天，每天工作八小时，也可以实行综合计时制。乙方上、下班时间及休息日，按甲方规定执行。

（三）甲方提供符合国家劳动安全、劳动保护、卫生健康标准的生产场地和劳动（工作）条件。

第三条　劳动报酬和保险、福利待遇

在合同期内，甲方按企业确定的分配形式支付乙方工资报酬。

甲乙双方按国家和＿＿＿＿＿＿市有关规定向社会保险部门缴纳各项保险费，由乙方向指定的社会保险经办机构缴纳社会保险，甲方给乙方报销国家规定应由企业负担的部分。

乙方可享受的有关福利待遇按甲方对分公司人员的有关管理规定执行。

第四条　劳动纪律

（一）乙方必须自觉遵守甲方的各项规章制度，遵纪守法，服从甲方调配，认真履行岗位职责，严格遵守操作规程，确保安全生产，完成工作（生产）任务。

（二）乙方如因工作失误或违反纪律，造成甲方经济损失或声誉损害的，甲方有权予乙方纪律、行政处分，并要求乙方赔偿实际经济损失。

第五条　劳动合同的解除和变更

（一）乙方有下列情形之一的，甲方可以单方解除劳动合同。
- 在试用期间被证明不符合录用条件的；
- 严重违反劳动纪律，影响生产、工作秩序的；
- 违反操作规程、损坏设备、工具、浪费原材料、能源造成经济损失的；
- 服务态度差、损害甲方声誉利益的；
- 严重失职、营私舞弊，对甲方利益造成损害的；
- 被依法追究刑事责任和劳动教养的；
- 依照劳动法规、规章有关规定，不宜继续留用的。

图 3-84　劳动合同最终效果图

任务六　制作论文

【操作要求】

打开本书配套素材"第三章"→"论文"文档。

1. 按照表 3-1 所示参数，对论文模版内置的样式进行修改。

2. 按照表 3-2 所示参数，对论文进行多级编号设置。

表 3-1 论文格式要求

名称	字体	字号	字形	间距	对齐方式
标题 1	黑体	小三	加粗	固定行距 20 磅，段后间距 25 磅	左对齐
标题 2	黑体	四号	加粗	固定行距 20 磅，段后间距 15 磅	左对齐
标题 3	黑体	小四	加粗	固定行距 20 磅，段后间距 10 磅	左对齐

表 3-2 标题样式与对应的编号

样式名称	编号格式	编号位置	文字位置
标题 1	第 X 章	左对齐	缩进 0 厘米
标题 2	1，2，3	左对齐，对齐位置 0 厘米	缩进 0 厘米
标题 3	1，2，3	左对齐，对齐位置 0.75 厘米	缩进 0 厘米

【操作步骤】

1. 右击"开始"菜单"样式"组中"标题 1"样式"修改"命令，打开"修改样式"对话框，进行表 3-1 所示的设置，如图 3-85 所示，其中"段落"设置如图 3-86 所示。同理设置标题 2 和标题 3 样式。设置完样式将光标依次定在标题 1 文字后，依次单击"标题 1"样式即可，同理，"标题 2"和"标题 3"样式也是这样应用到文本中，如图 3-87 所示。

图 3-85 修改"标题 1"样式

2. 选中正文单击"开始"菜单"段落"组中"多级列表"按钮 下"定义新多级列表"，按表 3-2 所示，设置 1 级编号，如图 3-88 所示，接着单击"级别"列表中的"2"，在"编号样式"框中选择"1，2，3，…"样式，在"将级别链接到样式"下拉列表框中选"标题 2"样式，选中"正规形式编号"复选框（否则符号二级标题中能显示为"一.1"），如图 3-89 所示，同样方法，设置 3 级标题，如图 3-90 所示。到此，本实例便完成了。

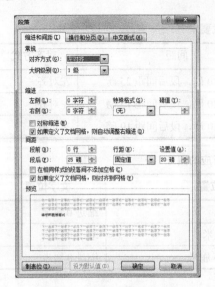

图 3-86　设置"段落"格式

图 3-87　设置标题样式

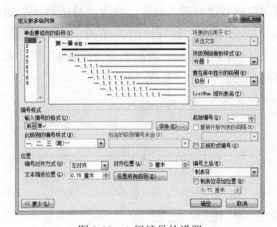

图 3-88　1 级编号的设置

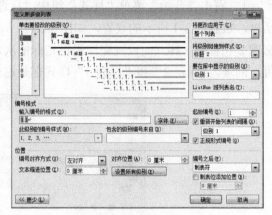

图 3-89　2 级编号的设置

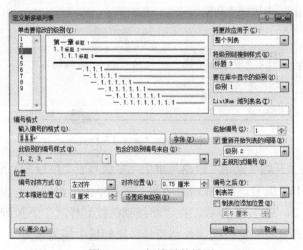

图 3-90　3 级编号的设置

最终效果图如图 3-91 所示。

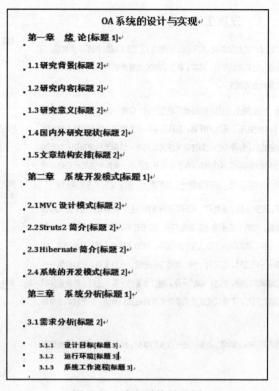

图 3-91　论文最终效果图

任务七　批阅学生作文

【操作要求】

打开本书配套素材"第三章"→"学生作文"文档。

为"美到处都有，对于我们的眼睛，不是缺少美。而是缺少发现。"新建"批注"为"开篇点题。很好!"。

【操作步骤】

选中要添加批注的文本"美到处都有，对于我们的眼睛，不是缺少美，而是缺少发现。"，然后单击"审阅"菜单"批注"组中的"新建批注"按钮，这时在右侧将显示一个红色的批注编辑框，在该编辑框中输入批注文本"开篇点题。很好!"，如图 3-92 所示。重复上述操作，在文档中的其他位置添加批注，如图 3-93 所示。

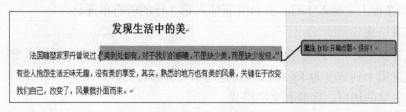

图 3-92　为文本添加批注

最终效果图如图 3-93 所示。

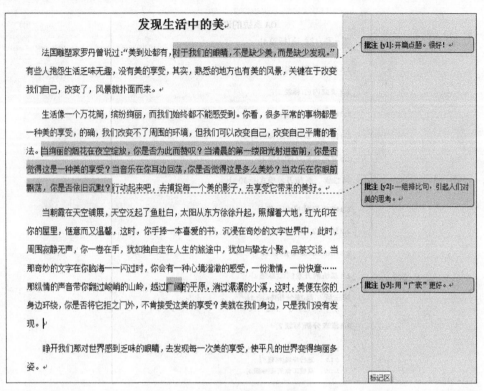

图 3-93　批注最终效果图

3.5　表格处理

任务一　制作课程表

【操作要求】

1．创建表格及绘制表头斜线

（1）创建一个 6 列、8 行的 Word 表格。

（2）在第 1 行第 1 列单元格中绘制斜线表头，行标题为"星期"，列标题为"节数"，并输入表格内容。

2．合并单元格

在表格第 7 行上方插入 1 行，并合并新插入第 7 行的所有单元格。

3．设置表格格式

（1）设置整个表格的文字为楷体、字号小四、加粗，对齐方式为中部水平居中。

（2）设置第 1 列宽度为 1.6 厘米，其他列平均分布各列。

4．设置表格的边框、底纹和文字格式。

（1）为整个表格添加最终效果图 3-100 所示的外边框，粗细 3 磅，边框颜色紫色，设置底纹第1行和第7行为黄色，第1列为绿色。

（2）在表格上方插入一个空行，在空行中插入艺术字"课程表"作为表头，"课程表"字号为50，填充颜色为红色，文字环绕方式为"嵌入型"，文本效果为"朝鲜鼓"。

【操作步骤】

1．创建表格及绘制表头斜线

（1）创建表格。新建一个Word文档，将光标置于要插入表格的位置，选择"插入"→"表格"→"插入表格"，在"插入表格"对话框中进行如图3-94所示的设置，单击"确定"按钮，效果如图3-95所示。

图3-94 插入表格对话框

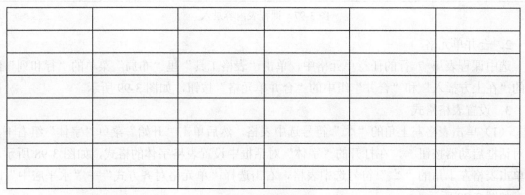

图3-95 新建表格

（2）绘制斜线表头。将光标置于表格的第1行第1列单元格中，选择"开始"菜单"段落"组里"绘制表格"  按钮的下拉箭头，选择"斜下框线（W）"按钮，如图3-96所示，输入"星期"和"节数"，调整位置。并输入表格内容，如图3-97所示。

图3-96 绘制斜线表头

节数＼星期	星期一	星期二	星期三	星期四	星期五
1	数学	语文	数学	外语	外语
2	外语	数学	语文	语文	数学
3	自习	历史	生物	地理	自习
4	语文	外语	外语	数学	语文
5	美术	政治	体育	自习	体育
6	地理	计算机	数学	历史	政治
7	生物	自习	自习	外语	音乐

图 3-97　课程表内容录入

2．合并单元格

选中课程表第 7 行的任意单元格中，单击"表格工具"里"布局"菜单的"行和列"组中的"在上方插入"和"合并"组中的"合并单元格"按钮，如图 3-99 所示。

3．设置表格格式

（1）单击表格左上角的"⊞"符号选中表格，然后单击"开始"菜单"字体"组右下角的对话框启动器按钮🔲，在打开的"字体"对话框中设置表格字体的格式，如图 3-98 所示，再单击表格左上角的"⊞"符号选中表格，右击选择"单元格对齐方式"→"水平居中"即可，如图 3-99 所示。

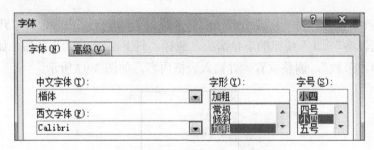

图 3-98　设置字体格式

（2）将光标置于第 1 列，单击"表格工具"里"布局"组中的"宽度"，设置为 1.6 厘米，然后再选中其他列，单击"分布列"按钮，如图 3-99 所示。

4．设置表格的边框、底纹和文字格式

（1）单击表格左上角的"⊞"符号选中表格，单击"开始"菜单"段落"组中的"边框和底纹"添加外边框，粗细 3 磅，边框颜色紫色，如图 3-100 所示，底纹颜色如图 3-101 所示。

（2）在表格上方插入一个空行，在空行中插入艺术字"课程表"作为表头，"课程表"字号为 50，填充颜色为红色，如图 3-102 所示，文字环绕方式为"嵌入型"，文本效果为"朝鲜鼓"，如图 3-103 所示。此时，本实例便完成了。

星期\节数	星期一	星期二	星期三	星期四	星期五
1	数学	语文	数学	外语	外语
2	外语	数学	语文	语文	数学
3	自习	历史	生物	地理	自习
4	语文	外语	外语	数学	语文
5	美术	政治	体育	自习	体育
6	地理	计算机	数学	历史	政治
7	生物	自习	自习	外语	音乐

图 3-99 插入行和合并单元格

图 3-100 设置表格边框

星期\节数	星期一	星期二	星期三	星期四	星期五
1	数学	语文	数学	外语	外语
2	外语	数学	语文	语文	数学
3	自习	历史	生物	地理	自习
4	语文	外语	外语	数学	语文
5	美术	政治	体育	自习	体育
6	地理	计算机	数学	历史	政治
7	生物	自习	自习	外语	音乐

图 3-101 设置表格底纹

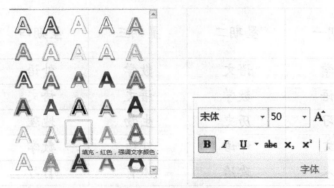

图 3-102　插入艺术字

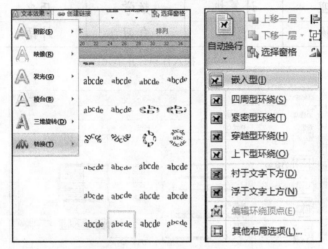

图 3-103　设置艺术字样式

最终效果图如图 3-104 所示。

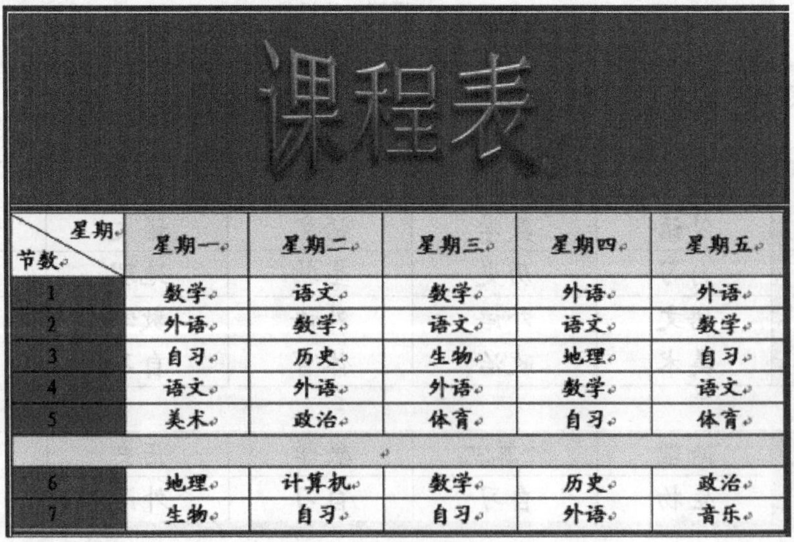

星期\节数	星期一	星期二	星期三	星期四	星期五
1	数学	语文	数学	外语	外语
2	外语	数学	语文	语文	数学
3	自习	历史	生物	地理	自习
4	语文	外语	外语	数学	语文
5	美术	政治	体育	自习	体育
6	地理	计算机	数学	历史	政治
7	生物	自习	自习	外语	音乐

图 3-104　课程表最终效果图

任务二 制作资金预算表

【操作要求】

打开本书配套素材"第3章"→"资金预算表"文档。

1. 在标题中插入一个"日期域",以使标题中的日期能够随着系统日期的改变而改变,插入位置参照图3-107所示。

2. 利用公式计算"余额"列数值、收入总计和支出总计。

3. 为单元格插入书签,D10单元格书签的名称为income,G10单元格书签名为expend。

4. 利用所定义的书签计算"余额"列最后一个单元格的数值。

【操作步骤】

1. 插入"日期域"

在标题中插入一个"日期域"以使标题中的日期能够随着日期的改变而改变。

(1)光标定位标题中如图3-105右图所示位置,选择"插入"→"文本"组中"日期和时间",在"日期和时间"对话框中进行如图3-106所示的设置。

图3-105 插入日期

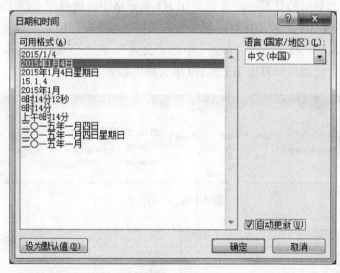

图3-106 "日期和时间"对话框

(2)显示出日期域的方法:选择"文件"→"选项",打开"选项"对话框,在"高级"选项卡中选择域底纹为"选取时显示",如图3-107上图所示,单击"确定"按钮。当用鼠标单击标题中的日期时,就可以看到日期域以灰色底纹显示,如图3-107下图所示。

光魔工业 2015 年 1 月 4 日资金预算表

图 3-107　显示日期域设置

2. 利用公式计算

（1）"余额"列数值的计算：将光标置于 H3 单元格中，选择"表格工具"菜单"布局"中的"公式"，如图 3-108 所示，在对话框中进行如图 3-109 左图所示的输入；将光标置于 H4 单元格中，选择"表格工具"菜单"布局"中的"公式"，在"公式"对话框中进行如图 3-109 右图所示的输入，以此类推计算出 H5 到 H9 单元格的数值。

图 3-108　表格公式

图 3-109　单元格公式编辑

（2）求和计算：将光标置于 D10 单元格中，选择"表格工具"菜单"布局"中的"公式"，在"公式"对话框中进行如图 3-110 左图所示的输入，单击"确定"按钮；再对 G10 单元格进行同样操作，效果如图 3-110 右图所示。

5	2014-10-11	其他业务	3470		通讯费	管理费用	410
6	2014-10-13	长期投资	70010		广告费	营业费用	2000
7	2014-10-15	无形资产	5300		其他费用	管理费用	300
	收入总计		120280		支出总计		15673

图 3-110　求和计算

3．为特殊的单元格插入书签

将光标选中 D10 单元格，选择"插入"→"书签"，在"书签"对话框中进行如图 3-111 左图所示的输入，单击"添加"按钮；以同样的方法为 G10 单元格插入书签，如图 3-111 右图所示。

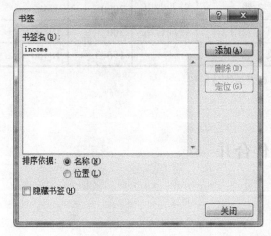
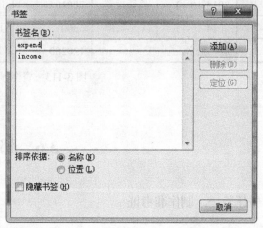

图 3-111　为单元格插入书签

4．计算"余额"列最后一个单元格的数值

将鼠标放置在 H10 单元格中，选择"表格工具"菜单"布局"中的"公式"，在"公式"对话框中进行如图 3-112 所示的输入，单击"确定"按钮。到此，本实例便完成了。

图 3-112　利用标签编辑公式

提示：当表格中的某个数值发生变化后，其他受这个数值影响的数值可以随之进行更改，比如将表格中 10 月 15 日的收入更改为 6300 元，然后用鼠标选中"收入总计"对应数据单元格中的内容，选中后在阴影上单击鼠标右键，在出现的下拉菜单中单击"更新域"，此时会发现数值已经发生改变。

最终效果图如图 3-113 所示。

编号	日期	收入		支出			余额（元）
		来源	金额（元）	用途	类别	金额（元）	
1	2014-10-3	产品销售	14000	员工工资	管理费用	7500	6500
2	2014-10-5	应收帐款	8000	差旅费	管理费用	900	13600
3	2014-10-7	劳务收入	9500	水电费	管理费用	63	23037
4	2014-10-9	股票投资	10000	房租费	管理费用	4500	28537
5	2014-10-11	其他业务	3470	通讯费	管理费用	410	31597
6	2014-10-13	长期投资	70010	广告费	营业费用	2000	99607
7	2014-10-15	无形资产	5300	其他费用	管理费用	300	104607
	收入总计		120280	支出总计		15673	104607

图 3-113　资金预算表最终效果图

3.6　邮件合并

任务一　制作准考证

【操作要求】

打开本书配套素材"第 3 章"→"准考证"文档，以"准考证"文档为主文档，以"准考证数据源"文档为数据源，进行邮件合并，合并结果如最终效果图 3-120 所示。

1. 打开"准考证"文档，以此创建邮件合并的主文档。

2. 打开数据源，以"第 3 章"→"准考证数据源"文档为数据源。

3. 插入域。

4. 完成合并。

【操作步骤】

1. 创建主文档

打开"准考证"文档，选择"邮件"→"开始邮件合并"→"邮件合并分步向导"，如图 3-114 左图所示，单击工具栏中"设置文档类型"中的"信函"，如图 3-114 右图所示，单击"下一步 正在启动文档"→"选取收件人"。

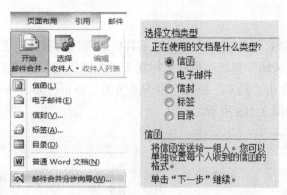

图 3-114　设置主文档类型

2．打开数据源

单击右侧工具栏中的"浏览"，如图 3-115 所示找到"准考证数据源"，单击"打开"按钮，会出现如图 3-116 所示对话框，单击"确定"按钮，接下来单击"撰写信函"按钮即可。

图 3-115　打开数据源 1

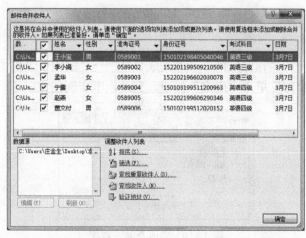

图 3-116　打开数据源 2

3. 插入域

将光标置于"考试科目:"后,单击右侧工具栏的"其他项目"里的"考试科目",单击"插入"按钮,单击"关闭"按钮;再将光标置于"考试日期:2015 年"后,单击右侧"其他项目"里"日期",单击"插入"按钮,单击"关闭"按钮,如图 3-117 所示。以同样的方法插入其他相关域,如图 3-118 所示。

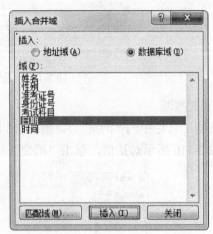

图 3-117 插入域操作示意图

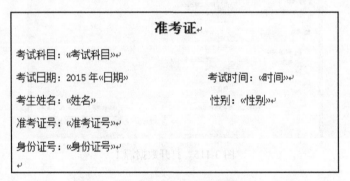

图 3-118 插入所有域示意图

4. 完成合并

单击右侧工具栏中的"预览信函"→"完成合并"→"编辑单个信函"会出现如图 3-119 所示提示框,选中"全部"单击"确定"按钮。到此,本实例便完成了。

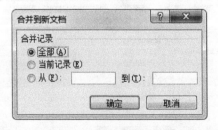

图 3-119 完成合并示意图

最终效果图如图 3-120 所示。

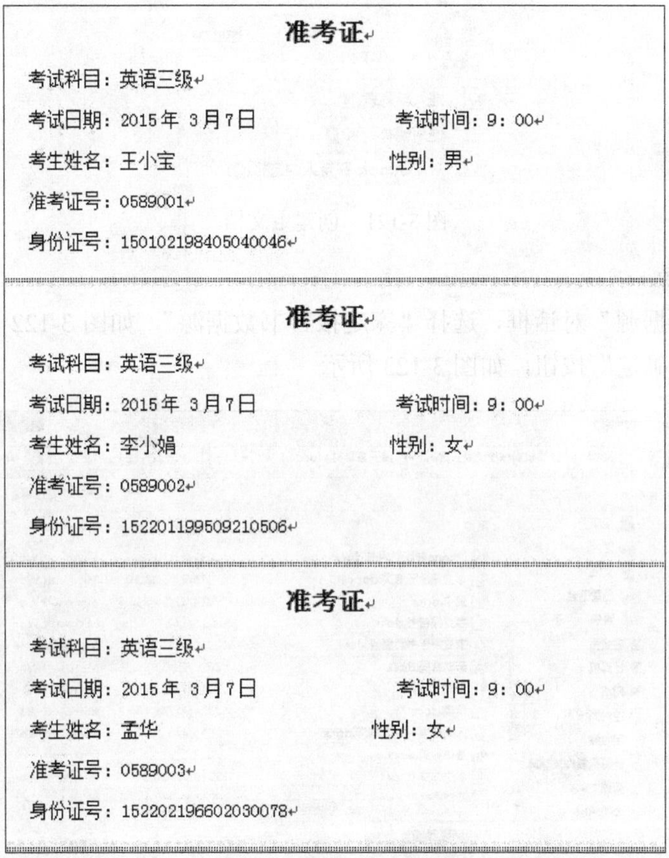

准考证↵

考试科目：英语三级↵

考试日期：2015 年 3 月 7 日　　　　　考试时间：9：00↵

考生姓名：王小宝　　　　　　　　　　性别：男↵

准考证号：0589001↵

身份证号：150102198405040046↵

准考证↵

考试科目：英语三级↵

考试日期：2015 年 3 月 7 日　　　　　考试时间：9：00↵

考生姓名：李小娟　　　　　　　　　　性别：女↵

准考证号：0589002↵

身份证号：152201199509210506↵

准考证↵

考试科目：英语三级↵

考试日期：2015 年 3 月 7 日　　　　　考试时间：9：00↵

考生姓名：孟华　　　　　　　　　　　性别：女↵

准考证号：0589003↵

身份证号：152202196602030078↵

图 3-120　准考证最终效果图

任务二　制作家庭报告书

【操作要求】

打开本书配套素材"第 3 章"→"家庭报告书"文档，以"家庭报告书"文档为主文档，以"家庭报告书数据源"文档为数据源，进行邮件合并，合并结果如最终效果图 3-128 所示。

1．打开"家庭报告书"文档，以此创建邮件合并的主文档。

2．打开数据源，以"第 3 章"→"家庭报告书数据源"文档为数据源。

3．插入域。

4．完成合并。

【操作步骤】

1．创建主文档

打开"家庭报告书"文档，单击"邮件"菜单里"开始邮件合并"组中的"选择收件人"按钮，在展开的列表中选择"使用现有列表"项，如图 3-121 所示。

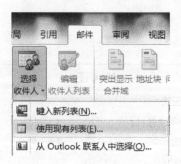

图 3-121　创建主文档

2. 打开数据源

打开"选择数据源"对话框，选择"家庭报告书数据源"，如图 3-122 所示。单击"家庭报告书$"，单击"确定"按钮，如图 3-123 所示。

图 3-122　选择数据源

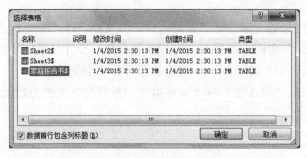

图 3-123　选择工作表

3. 插入域

将光标置于图 3-124 右上图所示，单击"邮件"菜单"编写和插入域"组里"插入合并域"按钮，依次在展开的列表中选择"学号"和"姓名"，如图 3-124 左图所示。将"学号"和"姓名"域插入，效果如图 3-124 右下图所示。以同样的方法插入其他相关域，分别如图 3-125 和图 3-126 所示。

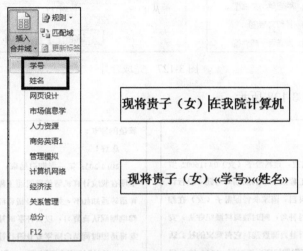

图 3-124　插入"学号"和"姓名"域

学习成绩表

科　目	成绩总评	科　目	成绩总评
网页设计	《网页设计》	管理模拟	《管理模拟》
市场信息学	《市场信息学》	计算机网络	《计算机网络》
人力资源	《人力资源》	经济法	《经济法》
商务英语 1	《商务英语 1》	关系管理	《关系管理》
总分		《总分》	

图 3-125　在表格中插入所有域后的效果

请家长在暑假督促　　　请《姓名》家长在暑假

图 3-126　插入"姓名"域

4．完成合并

单击"邮件"菜单里"完成"组中的"完成并合并"按钮，在展开的列表中选择"编辑单个文档"，如图 3-127 左图所示，系统将产生的邮件放置到一个新文档。在打开的"合并到新文档"对话框中选择"全部"单选钮，如图 3-127 右图所示，然后单击"确定"按钮。到此，本实例便完成了。

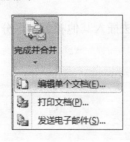
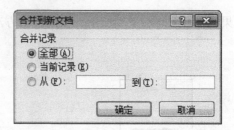

图 3-127　完成合并

最终效果图如图 3-128 所示。

尊敬的家长：

您好！

2014-2015 第一学期已结束，现将贵子（女）04416002 罗莉在我院计算机与信息管理工程系学习的成绩、考勤、操行评语等通知如下。如有不及格科目，请家长督促贵子（女）在假期期间认真复习，以备开学时补考，同时教育其遵纪守法，安排适宜时间结合所学专业进行社会调查及其它有意义的社会活动，并按时返校报到注册。下学期报到注册时间：2015 年 3 月 1 日开始上课时间：2015 年 3 月 3 日。

特此通知

学习成绩表

科 目	成绩总评	科 目	成绩总评
网页设计	70	管理模拟	80
市场信息学	71	计算机网络	81
人力资源	80	经济法	77
商务英语1	93	关系管理	73
总分		625	

请罗莉家长在暑假督促其进行社会实践锻炼。

此致

敬礼！

班主任 杨柳
计算机与管理工程系
2015 年 1 月 10 日

尊敬的家长：

您好！

2014-2015 第一学期已结束，现将贵子（女）04416001 刘小明在我院计算机与信息管理工程系学习的成绩、考勤、操行评语等通知如下。如有不及格科目，请家长督促贵子（女）在假期期间认真复习，以备开学时补考，同时教育其遵纪守法，安排适宜时间结合所学专业进行社会调查及其它有意义的社会活动，并按时返校报到注册。下学期报到注册时间：2015 年 3 月 1 日开始上课时间：2015 年 3 月 3 日。

特此通知

学习成绩表

科 目	成绩总评	科 目	成绩总评
网页设计	75	管理模拟	84
市场信息学	75	计算机网络	83
人力资源	54	经济法	77
商务英语1	71	关系管理	86
总分		605	

请刘小明家长在暑假督促其进行社会实践锻炼。

此致

敬礼！

班主任 杨柳
计算机与管理工程系
2015 年 1 月 10 日

图 3-128　家庭报告书最终效果图

3.7　综合操作

任务一　制作人间仙境——九寨沟

【操作要求】

打开本书配套素材"第 3 章"→"人间仙境——九寨沟"文档。

1. 插入剪贴画里边框图"borders"，并设置高度为 0.32 厘米，宽度为 2.72 厘米，并放到标题两侧。

2．插入本书素材第 3 章图片"风景""冬景""传说"三幅图，并将"风景"插入到第 1 段前面，并将环绕方式设置为"四周型环绕"，对齐方式为"左对齐"，并把"风景"左侧的空白区域裁掉。

3．将"冬景"图片的文字环绕方式设置为"紧密型环绕"，同时在"自动换行"中选择"编辑环绕顶点"，将多余的空白处删除。

4．将"传说"图片旋转 180°，并将图片的环绕方式设置为"衬于文字下方"。

5．将"风景"图片的样式设置为"柔化边缘椭圆"，将"传说"图片的颜色设置为"红色，强调文字颜色 2 浅色"。

【操作步骤】

1．将光标定在标题前面单击"插入"菜单"剪贴画"，打开"剪贴画"任务栏，在搜索文字里输入"边框"，并选中"包括 Office.com 内容"复选框，如图 3-129 左图所示，单击"borders"剪贴画插入。选中"borders"剪贴画，单击"图片工具"里"格式"的高度输入 0.32 厘米，宽度输入 2.72 厘米。并复制一个放到标题右面，如图 3-129 右图所示。

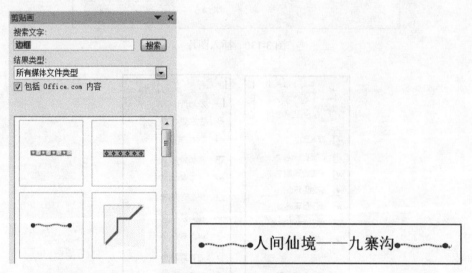

图 3-129 在文档中插入剪贴画

提示：在搜索结果预览框中单击图片右侧的下拉按钮▼，在弹出的菜单中选择"保存以供脱机时使用"，可将其保存到用户的电脑中。

若不选中"包括 Office.com 内容"复选框，可直接从"Office 收藏集"文件夹中查找 Office2010 附带的剪贴画；若单击"在 Office.com 中查找详细信息"链接，可在网上手动搜索需要的剪贴画。

2．将光标置于第 1 段前面，单击"插入"菜单里"插图"组中"图片"按钮，打开"插入图片"对话框，在"查找范围"下拉列表中选择存放图片的位置，在文件列表中单击选择要插入到 Word 文档中的图片，如图 3-130 所示，单击"插入"按钮。选中"风景"图片，单击"图片工具"格式里排列组中的"自动换行"按钮，在展开的列表中选择"四周型环绕"项，如图 3-131 左图所示。同时单击"排列"组中的"对齐"按钮，在展开的列表中选择"左对齐",如图 3-131 右图所示,选中"风景"图片,再单击"大小"组中的"裁剪"按钮 里的"裁剪",如图 3-132 左图所示,此时,按住鼠标左键向右拖动左右边界和上下边界的控制点,在空白处单击,裁剪全部的空白区域,如图 3-132 右图所示。

图 3-130　插入图片

图 3-131　设置图片环绕方式和对齐

图 3-132　裁剪图片

提示：如果一次要插入多张图片，可在"插入图片"对话框中按住 Ctrl 键的同时，依次单击选择要插入的图片，然后单击"插入"按钮。若要删除文档中的图片，可先将其选中，然后按 Backspace 键或 Delete 键。

若在"插图"组中单击"屏幕截图"按钮，可快速截取屏幕图像，并直接将其插入到文档中。

3．将"冬景"图片的文字环绕方式设置为"紧密型环绕"，然后在"自动换行"列表中选择"编辑环绕顶点"项，此时图片四周将出现红色虚线框，如图 3-133 左图所示。拖动虚线框上的环绕点可调整其位置，单击虚线边框并拖动可添加环绕顶点并调整其位置，按住 Ctrl 键单击环绕顶点可将其删除。调整完如图 3-133 右图所示。

图 3-133　编辑环绕顶点

4．选中"传说"图片，单击"图片工具"格式里"排列"组中的"旋转"列表中"其他旋转选项"，进行如图 3-134 所示设置，单击"确定"按钮，并将图片环绕方式设置为"衬于文字下方"即可。

图 3-134　精确旋转图片

5. 选中"风景"图片，单击"图片工具"格式菜单里"图片样式"组"其他"按钮，如图 3-135 左图所示，在展开的样式里选择"柔化边缘椭圆"，如图 3-135 右图所示。利用"选择对象"选中"传说"图片，单击"图片工具"格式菜单里"调整"组中的"颜色"按钮，在展开的列表中选择"红色，强调文字颜色 2 浅色"如图 3-136 左图所示，结果如图 3-136 右图所示。

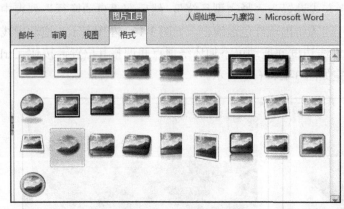

图 3-135　设置图片样式

提示：将图片设为"衬于文字下方"后，有时候不容易选中图片，此时可单击"开始"菜单上"编辑"组中的"选择"按钮，在弹出的列表中选择"选择对象"项，然后在图片上单击。要退出对象选择状态，可按 Esc 键。

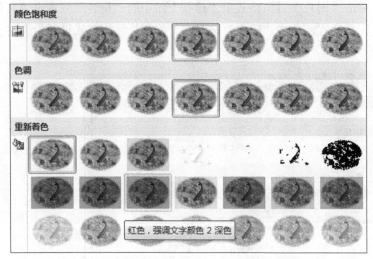

图 3-136　为图片重新着色

提示：对图片进行大小、旋转、裁剪、亮度、对比度、样式、边框和特殊效果等设置后，若觉得效果不理想，可选中图片，然后单击"图片工具"格式菜单里"调整"组中的"重设图片"按钮，将图片还原为初始状态。

最终效果图如图 3-137 所示。

图 3-137　人间仙境——九寨沟最终效果图

任务二　制作中文版式

【操作要求】

打开本书配套素材"第3章"→"中文版式素材"文档。

1．为文字加注拼音

为古诗添加拼音，设置对齐方式为"居中"，字体为"宋体"，偏移量为2磅，字号为12磅。

2．带圈字符

选中"古诗"的"古"字，设置为"带圈字符"，样式为"增大圈号"。

3．合并字符

将"董事长总经理"合并字符，字体设置为"华文新魏"，字号为16磅。

4．双行合一

将"高中第18届初中第20届"文字双行合一，括号样式为"（）"。

5．纵横混排

将"2014"文字设置为"纵横混排"，并将复选框"适应行宽"选中。

【操作步骤】

1．为文字加注拼音

选中要加注拼音的文本，如图3-138左图所示，单击"开始"菜单里"字体"组中的"拼音指南"按钮，打开"拼音指南"对话框，进行如图3-139所示的设置，最终效果图为3-138右图所示。

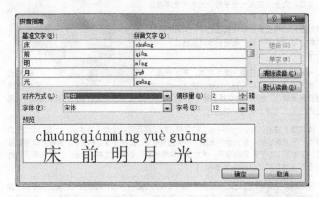

图3-138　为文本添加拼音

图3-139　拼音指南设置

2．带圈字符

选中"古"字，单击"开始"菜单里"字体"组中的"带圈字符"按钮，打开"带圈字符"对话框，进行如图3-140左图所示设置，单击"确定"按钮。最终效果图为3-140右图所示。

图3-140　设置带圈字符

3．合并字符

选中"董事长总经理"字符，如图 3-141 左图所示，单击"开始"菜单里"段落"组中的"中文版式"按钮 ▼，在展开的列表中选择"合并字符"项，如图 3-141 右图所示。打开"合并字符"对话框，进行如图 3-142 左图所示设置，单击"确定"按钮，最终效果图如 3-142 右图所示。

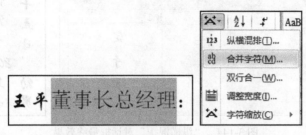

图 3-141　选择字符后选择"合并字符"项

图 3-142　设置字符合并选项及效果

4．双行合一

选中"高中第 18 届初中第 20 届"文字，如图 3-142 上图所示，单击"开始"菜单里"段落"组中的"中文版式"按钮 ▼，在展开的列表中选择"双行合一"项，打开"双行合一"对话框，进行如图 3-143 下图所示设置，单击"确定"按钮，最终效果图为 3-143 中图所示。

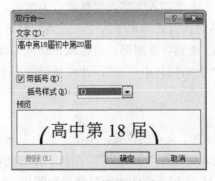

图 3-143　设置双行合一

5．纵横混排

选中"2014"字符，单击"开始"菜单里"段落"组中的"中文版式"按钮 ，在展开的列表中选择"纵横混排"项，进行如图 3-144 左图所示设置，单击"确定"按钮，最终效果图如图 3-144 右图所示。

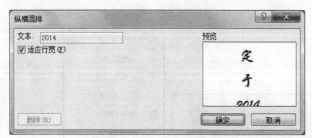

图 3-144　"纵横混排"对话框最终效果

任务三　制作宣传彩页

【操作要求】

打开本书配套素材"第 3 章"→"宣传彩页"文档。

1．为文档插入背景图片："第 3 章"→"彩页背景"图片，设置背景图片环绕方式为衬于文字下方，水平对齐和垂直对齐方式为居中，大小调整为高度 30 厘米，宽带为 21.25 厘米。

2．参照最终效果图 3-162 插入艺术字"畅游夏威夷"，艺术字样式为 4 行 2 列，字体为华文隶书、72 号，环绕方式为浮于文字上方，水平对齐方式为居中，并将"文本效果"设置为"前近后远"。

3．参照最终效果图 3-162 为正文插配图：插入"恐龙湾""植物园"和"火山公园"三个图片，图片在"第 3 章"内可以找到，将它们等比例缩放至适当大小，版式设置为四周型环绕，并适当调整位置。

4．为"宣传彩页"插入资费表格。

（1）参照最终效果图 3-162 于"详情请拨打……"一段前插入一个 4 行 4 列的表格。

（2）表格属性中对齐方式设置为居中，添加全部边框，线型为双线，颜色为红色，宽度为 1/4 磅。

（3）合并表格第一行，为表格输入文字，字体颜色为黑色，并将首行单元格文本设置为小四号，设置表格全部单元格对齐方式为水平居中，适当调整行高列宽。

5．参照最终效果图 3-162 绘制自选图形，设置填充颜色为红色，线条颜色为黄色，线型为 1.5 磅，为自选图形输入"火热报名中……"，并将其设置为小二、加粗、黄色，最后调整自选图形大小和位置。

【操作步骤】

1．插入背景图片：将光标置于文章的位置，单击"插入"→"图片"对话框，在"插入图片"中的"查找范围"下拉列表中选择"第 3 章"，在其下方的列表中双击"彩页背景"图片，将其插入到文档中，如图 3-145 所示。单击"彩页背景"图片，选择"格式"菜单→"位置"

里"其他布局选项"按钮,设置"文字环绕"为"衬于文字下方",如图 3-146 所示,同时单击"位置"和"大小"选项卡,进行如图 3-147、图 3-148 所示的设置,最后单击"确定"按钮。

图 3-145　插入彩页背景图片

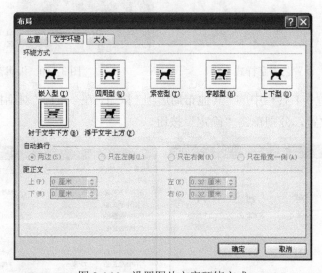

图 3-146　设置图片文字环绕方式

图 3-147　设置图片对齐方式

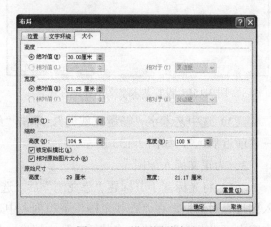

图 3-148　设置图片大小

2．为文档插入艺术字标题

（1）将光标置于要插入艺术字的位置，单击"插入"菜单"艺术字"按钮。在打开的"艺术字库"对话框中选择如图 3-149 所示艺术字样式，单击"第 4 行第 2 列"按钮；在编辑艺术字文字对话框中进行如图 3-150 所示的设置和输入，单击"确定"按钮。

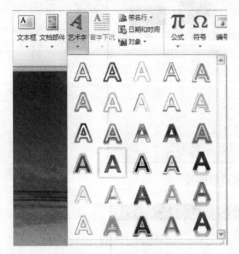

图 3-149　设置艺术字样式　　　　　　　　　　图 3-150　编辑艺术字

（2）单击"位置"工具栏中的"其他布局选项"按钮，在"布局"对话框中进行如图 3-151 和图 3-152 所示的设置，分别单击"确定"按钮。

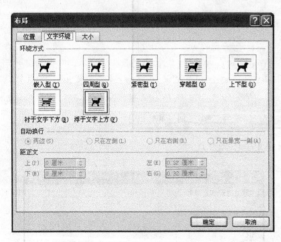

图 3-151　设置艺术字文字环绕方式　　　　　　图 3-152　设置艺术字对齐方式

（3）选中艺术字"畅游夏威夷"，单击"绘图工具格式"菜单里"文本效果"→"转换"→"前近后远"，如图 3-153 所示。

3．为正文插入配图

（1）将光标置于节标题"恐龙湾"后，选择"插入"→"来自文件中的图片"，打开"插入图片"对话框，在"查找范围"下拉列表中选择本书配套素材"第 3 章"，在其下方的列表中双击"恐龙湾"图片，将其插入到文档中，如图 3-154 所示。

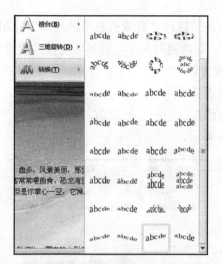

图 3-153　设置艺术字文本效果

图 3-154　为正文插入配图

（2）拖动"恐龙湾"图片四个顶点处的控制点，将其等比例缩放至适当大小。选中"恐龙湾"图片，单击"图片工具格式"菜单→"自动换行"→"四周型环绕"方式，如图 3-155所示。

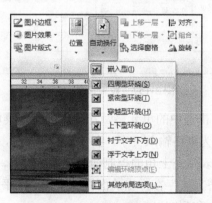

图 3-155　为配图设置环绕方式

（3）用同样的方法分别在节标题"夏威夷热带植物园"前和"火山国家公园"后插入图片"植物园"和"火山公园"，并调整其大小，将其环绕方式设置为"四周型"，参照最终效果图 3-162 所示调整所插入图片位置。

4．为宣传彩页插入资费表格

（1）将光标置于"详情请拨打……"一段前，单击"插入"→"表格"按钮，插入一个 4 行 4 列的表格，如图 3-156 所示。

图 3-156　插入表格

（2）单击表格左上角的控制柄，打开"边框和底纹"对话框，在"边框"选项卡中进行如图 3-157 所示的设置，单击"确定"按钮。

图 3-157　设置边框和底纹

（3）选择表格首行，右击选中的单元格，在弹出的快捷菜单中选择"合并单元格"，如图 3-158 所示；参照图 3-159 为表格输入文字，字体颜色为黑色，并将首行单元格文本"资费"字号设置为"小四号"；单击表格左上角的控制柄选择整个表格，右击任意单元格，在弹出的快捷菜单中选择"单元格对齐方式"在弹出的面板中选择"水平居中"，如图 3-160 所示；拖动表格边框，适当调整其行高和列宽。

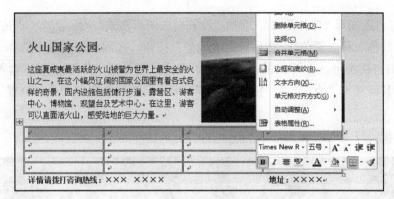

图 3-158　合并单元格

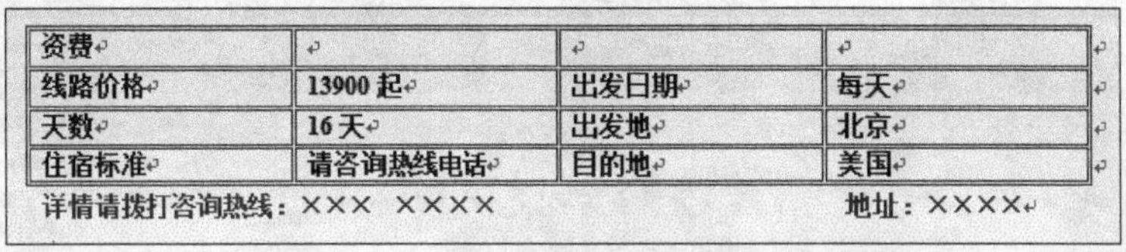

资费			
线路价格	13900 起	出发日期	每天
天数	16 天	出发地	北京
住宿标准	请咨询热线电话	目的地	美国

详情请拨打咨询热线：×××　××××　　　　　　地址：××××

图 3-159　为单元格输入文字及设置文本格式

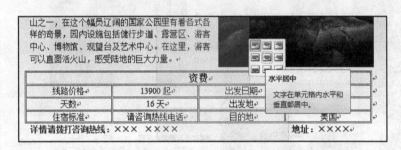

图 3-160　设置单元格的对齐方式

5．为彩页绘制自选图形

（1）单击"插入"菜单的"形状"按钮，在弹出的菜单中选择"星与旗帜"→"爆炸形2"，如图 3-161 所示，然后在艺术字标题下方绘制自选图形。

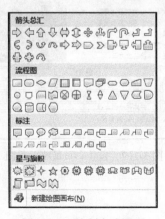

图 3-161　绘制自选图形

（2）右击自选图形"爆炸形2"，选择"设置自选图形格式"项，设置"填充颜色"和"线条颜色"为"红色"和"黄色"，然后单击"线型"按钮，在展开的列表中选择"1.5磅"。

（3）右击自选图形，在弹出的快捷菜单中选择"添加文字"项，然后输入"火热报名中……"并将其设置为"小二""加粗""黄色"，最后调整自选图形大小和位置。到此，本实例便完成了。

宣传彩页最终效果图如图3-162所示。

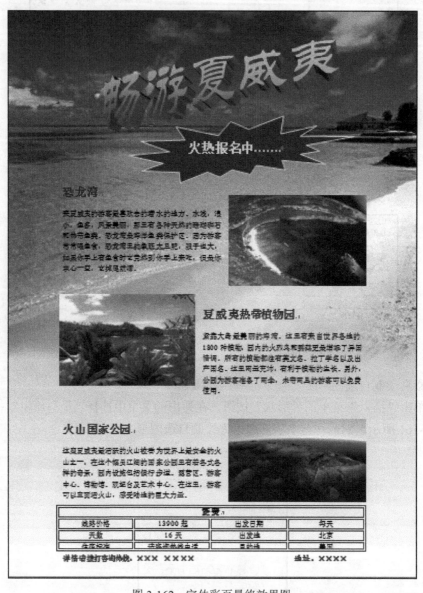

图 3-162　宣传彩页最终效果图

第 4 章　电子表格 Excel 2010

4.1　工资表中数据的输入与编辑

任务一　创建帐单文件

【操作要求】

按照【样文 4-1】进行如下操作：练习利用 Excel 提供的样文模板创建、保存与退出工作簿的方法。

【样文 4-1】

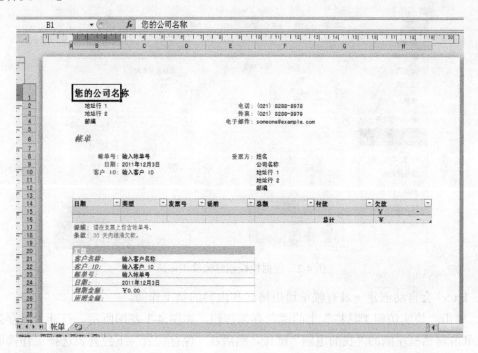

【操作步骤】

1. 单击"开始"按钮，选择"所有程序"→"Microsoft Office"→"Microsoft Office Excel 2010"。

2. 单击"文件"选项卡标签，如图 4-1 左图所示，在打开的界面中单击"新建"项，如图 4-1 中图所示。

3. 在打开的界面中单击"样本模板"类型，如图 4-1 右图所示。

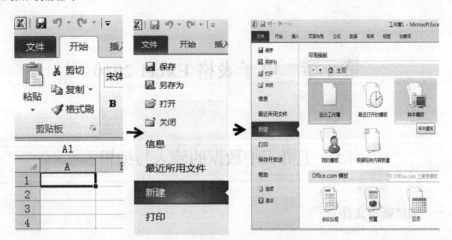

图 4-1   选择"样本模板"类型

4. 在"样本模板"列表拖动滚动条找到"帐单"模板,如图 4-2 所示,然后单击界面右侧的"创建"按钮。

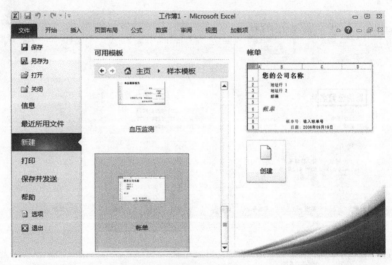

图 4-2   根据模板创建帐单工作簿

5. Excel 会自动创建一具有帐单通用格式和内容的新工作簿。

6. 单击"快速访问工具栏"上的"保存"按钮,如图 4-3 左图所示,打开"另存为"对话框,单击对话框左侧的"我的电脑"链接,然后在"保存位置"下拉列表选择工作簿的保存位置,本例为"第四章"→"任务一",输入文件名"帐单",如图 4-3 右图所示,然后单击"保存"按钮。

提示: 根据模板创建的工作簿中已含有与主题相关的格式和示例数据内容,用户只需要根据实际情况稍作修改即可。

7. 在"文件"选项卡界面中选择"关闭"项,如图 4-4 左图所示,或切换到除"文件"选项卡外的其他选项卡,然后单击工作簿窗口右侧的"关闭窗口"按钮,如图 4-4 右图所示,关闭工作簿。

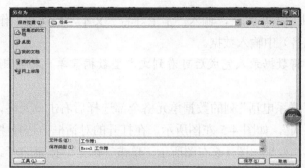

图 4-3　设置保存选项

图 4-4　选择工作簿关闭选项

提示：当对工作簿执行第二次保存操作时，不会再打开"另存为"对话框。如要将工作簿另存，可在"文件"选项卡界面中选择"另存为"项，在打开的"另存为"对话框重新设置工作簿的保存位置或工作簿名称等，然后单击"保存"按钮即可。

任务二　工作表数据的输入

【操作要求】

创建一个名为"学生信息表"的工作簿，在 Sheet1 中按【样文 4-2】输入数据。

【样文 4-2】

	A	B	C	D
1	学生姓名	联系电话	家庭住址	邮政编码
2	贺奇	15289671101	内蒙古呼和浩特市赛	010010
3	赵伟清	18623901187	内蒙古巴彦淖尔市临	015000
4	张勇清	13729110088	内蒙古赤峰市红山区	024000
5	马岩	13154567665	内蒙古集宁市新城区	012000
6	刘培明	13024713456	内蒙古乌兰浩特市	137400
7	罗祥	13354877990	内蒙古通辽市科尔沁	028000
8	杨明	15524607991	内蒙古呼和浩特市回	010000
9	刘旭	13070740203	内蒙古巴彦淖尔市新	015000
10				
11				

【操作步骤】

1. 启动 Excel 2010，按 Ctrl+N 组合键新建一个空白工作簿，并按 Ctrl+S 组合键在打开的对话框中以"学生信息表"为名保存。

2. 单击 A1 单元格，输入"学生姓名"文本，依次在工作表的其他单元格（可使用方向键切换单元格）中输入数据。

提示： 将数据录入完成后可看到文本型数据靠单元格左侧对齐，数值型数据靠单元格右侧对齐。

3. 将"联系电话"列的数据单元格全部选择后右击单元格，在弹出的快捷菜单中选择"设置单元格格式"，如图 4-5 左图所示，在打开的对话框中选择"数字"选项卡，在"分类"中选择"文本"效果如图 4-5 右图所示，单击"确定"按钮即可。

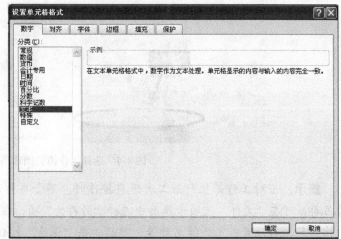

图 4-5　设置单元格格式

提示： 如果在输入数据的过程中出现错误，可以使用 Backspace 键删除错误的文本。如果确认输入过后才发现错误，则需双击需要修改的单元格，然后在该单元格中进行修改。也可单击单元格，然后将光标定位在编辑栏中修改数据。如果单击某个有数据的单元格，然后直接输入数据，则单元格中原来的数据将被替换。

4. 在输入邮政编码时，选中要输入的单元格，先输入西文的单引号，再按样文输入邮编，如图 4-6 所示。输入完成后保存。

图 4-6　文本数据的输入

任务三　数据输入技巧

一、制作家电销售表

【操作要求】

新建一工作簿，并以"家电销售表"为名保存，并按照【样文4-3】进行如下操作：

1. 在A1单元格中输入表头"东鸽电器家电销售情况表"，依次在A2至H2的单元格中输入列标题。

2. 在A3~A21单元格中用快速填充方法填入【样文4-3】所示内容。

3. 按照样文利用快捷键输入数据，为"销售部门""产品名称""产品型号"列中的单元格添加相同的数据。

4. 在"折扣""销售单价""销售数量"列中按照【样文4-3】所示内容输入数据。

5. 在B22、B23单元格中输入制表日期和时间。

【样文4-3】

	A	B	C	D	E	F	G
1			东鸽电器家电销售情况表				
2	序号	销售部门	产品名称	产品型号	折扣	销售单价	销售数量
3	JH0001	A部	彩电	SM-5EGT	95%	2180	158
4	JH0002	C部	空调	HR-0KK1-5	98%	1680	175
5	JH0003	B部	彩电	SM-5EGT	98%	2180	55
6	JH0004	A部	空调	HR-0KK1-5	97%	1680	129
7	JH0005	B部	空调	HR-0KK1-5	95%	1680	245
8	JH0006	B部	空调	HR-0KK1-5	97%	1680	153
9	JH0007	A部	冰箱	HU-1100S1.0	95%	2300	162
10	JH0008	C部	冰箱	HU-1100S1.0	98%	2300	249
11	JH0009	C部	冰箱	HU-1100S1.0	95%	2300	133
12	JH0010	B部	彩电	SM-5EGT	98%	2180	147
13	JH0011	B部	彩电	SM-5EGT	95%	2180	250
14	JH0012	C部	彩电	SM-5EGT	95%	2180	206
15	JH0013	A部	空调	HR-0KK1-5	95%	1680	136
16	JH0014	A部	空调	HR-0KK1-5	98%	1680	147
17	JH0015	C部	彩电	SM-5EGT	98%	2180	159
18	JH0016	B部	空调	HR-0KK1-5	95%	1680	220
19	JH0017	A部	冰箱	HU-1100S1.0	97%	2300	241
20	JH0018	C部	冰箱	HU-1100S1.0	97%	2300	269
21	JH0019	B部	彩电	SM-5EGT	95%	2180	118
22	制表日期：	2014-12-2					
23	制表时间：	15:56					

【操作步骤】

1. 新建一工作簿，并以"家电销售表"为名保存。

2. 单击A1单元格，输入表头文本"东鸽电器家电销售情况表"，依次在A2至H2中输入样文的列标题。

3. 在"序号"列的A3单元格中输入"JH0001"，将鼠标指针移到A3单元格右下角的填充柄上，此时鼠标指针变为实心的十字形，如图4-7左图所示，按住鼠标左键拖动A3单元格右下角的填充柄到A21单元格，如图4-7中图所示，释放鼠标左键，结果如图4-7右图所示。

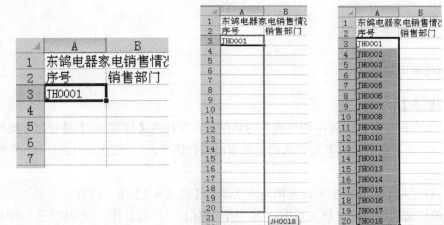

图 4-7　利用填充柄填充"序号"列数据

4．在"销售部门"列中按住 Ctrl 键依次单击选中要填充相同数据的单元格，如图 4-8 左图所示，然后输入数据"A 部"，如图 4-8 中图所示，按 Ctrl+Enter 组合键，结果如图 4-8 右图所示。

图 4-8　利用快捷键输入数据

5．用同样的方法在该列的其他单元格和 C～D 列单元格中输入数据。

6．在 E～G 列和 A22～A23 单元格区域输入数据。

7．单击 B23、B24 单元格，然后输入制表日期"2014-12-2"，按键盘上的"↓"方向键后输入制表时间"15:56"。

二、输入化工专业成绩表数据

【操作要求】

新建一工作簿并以"化工专业成绩表"为名保存，按照【样文 4-4】进行如下操作：

1．依次在 A1 至 H1 单元格中输入各列标题。

2．在 A2～A21、B2～B21、C2～C21 及 D2～D21 中填充如【样文 4-4】所示的序列。

3．为"平时成绩""期末成绩""总成绩""学分"，4 列的数据单元格设置数据的有效性（"平时成绩""期末成绩""总成绩"的满分是 100，"学分"为 5 分制）。

4．将数据输入完毕后保存。

【样文 4-4】

系名	学号	实习单位	姓名	平时成绩	期末成绩	总成绩	学分
化学工程	20140901	伊化化工	王学	98	86	93	4
化学工程	20140902	乌拉山化肥厂	马立	86	64	75.8	4
化学工程	20140903	中石化内蒙古分公司	黄京	78	84	80.5	5
化学工程	20140904	煤化工企业	李敏	65	82	75.3	5
化学工程	20140905	伊化化工	贾玉	85	71	78.9	5
化学工程	20140906	伊化化工	赵星	75	73	74	5
化学工程	20140907	中石化内蒙古分公司	陈鹏	74	75	75.5	5
化学工程	20140908	乌拉山化肥厂	卫平	95	94	90.6	4
化学工程	20140909	乌拉山化肥厂	晓寅	85	61	70.9	4
化学工程	20140910	乌拉山化肥厂	宝春	61	84	75.5	3
化学工程	20140911	煤化工企业	东东	62	87	69	3
化学工程	20140912	伊化化工	王川	64	85	76	3
化学工程	20140913	伊化化工	沈克	76	65	74	3
化学工程	20140914	中石化内蒙古分公司	艾芳	84	62	78.2	4
化学工程	20140915	中石化内蒙古分公司	小明	82	75	80.4	4
化学工程	20140916	乌拉山化肥厂	海涛	75	81	78.9	4
化学工程	20140917	煤化工企业	凤仪	94	71	86.3	4
化学工程	20140918	煤化工企业	奇峰	71	90	83.2	4
化学工程	20140919	伊化化工	连威	62	75	73	4
化学工程	20140920	煤化工企业	晋生	83	79	80	4

【操作步骤】

1．新建一空白工作簿，并以"化工专业成绩表"为名将其保存。

2．依次在 A1～H1 单元格中输入各列标题（可使用键盘上的"→"方向键切换单元格）。

3．在 A2 单元格中输入"化学工程"，然后将鼠标指针移到单元格右下角的填充柄上，按下鼠标左键向下拖动至 A21 单元格后释放鼠标左键。

4．在 B2 和 B3 单元格中输入【样文 4-4】所示的数据，然后在这两个单元格上方拖动鼠标同时选中这两个单元格，再按住鼠标左键向下拖动所选单元格区域右下角的填充柄至 B21 单元格后释放鼠标左键。（或将鼠标指针移到 B2 单元格右下角的填充柄上，按下鼠标左键的同时按下 Ctrl 键向下拖动至 B21 单元格后释放鼠标左键。）

5．在"实习单位"列中按住 Ctrl 键的同时选中要填充相同数据的单元格，然后输入相应的班级名称，再按 Ctrl+Enter 组合键。

6．用同样的方法在该列的其他单元格中输入数据，用常规法在"姓名"列中输入数据。

7．下面我们分别为工作表后面 4 列的单元格设置数据的有效性。假设"平时成绩""期末成绩""总成绩"的满分是 100，"学分"为 5 分制。拖动鼠标选中 E2 到 G21 单元格区域，然后单击"数据"选项卡上"数据工具"组中的"数据有效性"按钮，如图 4-9 左图所示。

8．在打开的"数据有效性"对话框"设置"选项卡中的"允许"下拉列表中选择"小数"选项。在"数据"下拉列表中选择"介于"选项，在"最小值"编辑框中输入"0"，在"最大值"编辑框中输入"100"，如图 4-9 右图所示。

图 4-9　设置允许值范围

9. 在"出错警告"选项卡的"错误信息"编辑框中输入"数据输入有误!"文本,如图 4-10 左图所示,然后单击"确定"按钮。

10. 依次在各单元格中输入数据,当输入的数据超出有效范围时,会出现警告提示,如图 4-10 右图所示,单击"重试"按钮,重新输入数据即可。

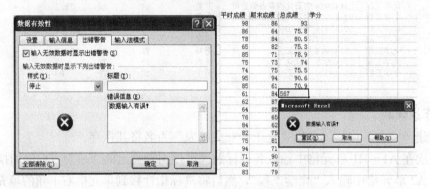

图 4-10　确定数据有效性选项后输入数据

11. 用同样的方法设置"学分"列相应单元格的数据有效性,其中"设置"选项卡的参数如图 4-11 所示,设置完毕单击"确定"按钮。

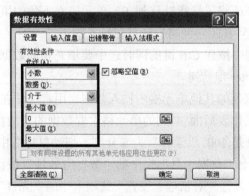

图 4-11　设置"学分"列数据有效性

12. 按实际情况在"学分"列相应单元格中输入数据。最后保存即可。

4.2 编辑工作表与单元格

任务一 管理工作表

【操作要求】

1. 新建一个空白工作簿并将其以"全年销售表"为名进行保存。
2. 插入一张工作表，然后重新命名系统自带的及新插入的工作表。
3. 利用工作表组功能制作某公司"城市"列数据，最后按实际情况输入各销售情况。
4. 打开本书配套素材"第四章"→"销售记录单.xls"复制到"全年销售表.xls"中。
5. 打开"销售记录单"工作表利用冻结工作表窗格的功能冻结工作表的首行。

【操作步骤】

1. 新建一个空白工作簿并将其以"全年销售表"为名进行保存，然后单击工作表标签右侧的"插入工作表"按钮，在所有工作表的右侧插入一个工作表。

2. 从左至右依次右击工作表标签，在弹出的快捷菜单中选择重命名，将工作表依次命名为"第一季度""第二季度""第三季度""第四季度"，如图4-12所示。

图4-12　重命名工作表标签

3. 按住 Ctrl 键的同时依次单击 4 个命名后的工作表标签，将它们成组，然后输入如图4-13所示的数据。

提示：当同时选中多个工作表时，在当前工作簿的标题栏中将出现"工作组"字样，表示所选工作表已成为一个"工作组"。此时，用户可在所选工作表的相同位置一次性输入或编辑相同的内容。

4. 此时可以看到各工作表的相同位置均填充了相同的数据，之后依次在工作表"城市"单元格后输入各销售额，最后保存即可。

图 4-13　组成工作组并输入数据

5．打开"第四章"→"销售记录单.xls"，选中"销售记录"工作表标签，单击"开始"选项卡上"单元格"组中"格式"按钮右侧的小三角按钮，在展开的列表中选择"移动或复制工作表"选项，打开"移动或复制工作表"对话框，如图 4-14 左图所示。

6．在打开的"移动或复制工作表"对话框中"将选定工作表移至工作簿"下拉列表中选择目标工作簿"销售记录单"，在"下拉选定工作表之前"列表中选择要将工作表复制或移动到的位置，如图 4-14 右图所示。

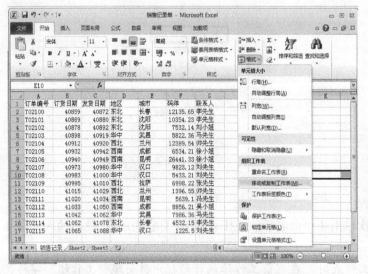

图 4-14　复制工作表

7．单击"确定"按钮，所选工作表即被移动到目标工作簿指定工作表的前面。

8．单击"销售记录单"工作表标签，打开工作表，然后单击"视图"选项卡上"窗口"组中的"冻结窗口"按钮，在展开的列表中选择"冻结首行"项，如图 4-15 所示。

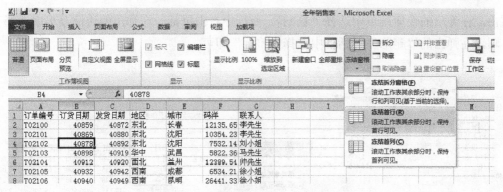

图 4-15 单击单元格后选择"冻结首行"项

9. 被冻结的窗口部分以黑线区分，当拖动垂直滚动条向下查看时，首行始终显示。

任务二 编辑单元格

【操作要求】

打开本书配套素材"第四章"→"2006 年预算工作表"工作簿，进行如下操作：

1. 在标题行文字"2006 年预算工作表"下插入一行，行高为 17.75。

2. 将"设备"一行移动到"通讯费"一行之前，并且删除空行。

3. 将标题行文字"2006 年预算工作表"进行合并后居中。

4. 按照样文将工作表中该合并的单元格进行合并居中。

5. 将工作表中各列的宽度进行自动调整。

6. 清除"差额"一列中最下方单元格的数据。

【操作步骤】

1. 将鼠标指针移动到第 3 行中的任意一个单元格中，单击"开始"选项卡上"单元格"组中的"插入"按钮下的小三角按钮（右击鼠标，在弹出的快捷菜单中选择"插入"项），在展开的列表中选择"插入工作表行"选项，如图 4-16 左图所示，即可在当前位置上方插入一个空行，原有的行自动下移，如图 4-16 右图所示。

图 4-16 插入行

2. 将鼠标指针移动到"通讯费"一行右击鼠标，在弹出的快捷菜单中选择"插入"项，在弹出的"插入"对话框中选择"整行"，如图 4-17 所示。将"设备"一行中 B11～G11 单元格选中后，单击"开始"选项卡上"剪贴板"组中的"剪切"按钮后将鼠标移动到 B8 单元格

后右击，在弹出的快捷菜单中选择"粘贴"。空行中右击鼠标，在弹出的快捷菜单中选择"删
除"项，在弹出的"删除"对话框中选择"整行"即可。

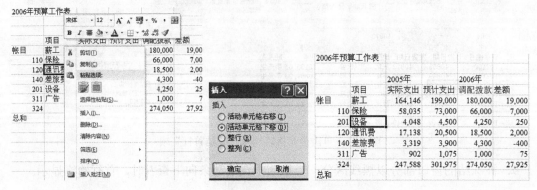

图 4-17 移动行

3．将 B2～G2 单元格选中，单击"开始"选项卡上"对齐方式"组中的"合并后居中"
按钮或单击右侧的小三角按钮，在展开的列表中选择"合并后居中"，如图 4-18 所示。

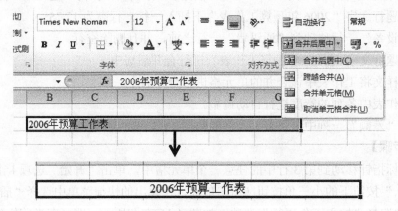

图 4-18 合并单元格

4．将 B4、E4，F4、G4，B5、C5，B14、C14 八个单元格合并成四个单元格，如图 4-19
所示。

	A	B	C	D	E	F	G	H
		2006年预算工作表						
				2005年		2006年		
		项目		实际支出	预计支出	调配拨款	差额	
		帐目	薪工	164,146	199,000	180,000	19,000	
		110	保险	58,035	73,000	66,000	7,000	
		201	设备	4,048	4,500	4,250	250	
		120	通讯费	17,138	20,500	18,500	2,000	
		140	差旅费	3,319	3,900	4,300	-400	
		311	广告	902	1,075	1,000	75	
		324		247,588	301,975	274,050	27,925	
			总和					

图 4-19 合并后的工作表

5. 将工作表中的 B4~G13 所有的单元格选中，单击"开始"选项卡上"单元格"组中的"格式"按钮下的小三角按钮，在展开的列表中选择"自动调整列宽"选项。

6. 选中 G12 后，单击"开始"选项卡上"编辑"组中的"清除"按钮下的小三角按钮，在展开的列表中选择"清除内容"选项即可，然后将此工作簿保存。

任务三　为单元格定义名称并添加批注

【操作要求】

打开本书配套素材"第四章"→"课程表"工作簿，按照【样文 4-5】进行如下操作：

1. 将"课时"和"日期"两个单元格合并后用斜线分割。
2. 将 A3~A6，A7~A8 的单元格合并后，竖排文字。
3. 为 G8 单元格添加批注。

【样文 4-5】

	课程表					
	日期 课时	星期一	星期二	星期三	星期四	星期五
上午	第1节	语文	数学	语文	英语	英语
	第2节	数学	语文	英语	语文	数学
	第3节	音乐	英语	语文	数学	音乐
	第4节	英语	科学	数学	自习	语文
下午	第5节	体育	阅读	体育	手工	体育
	第6节	自习	美术	计算机	美术	班会

【操作步骤】

1. 将 A2 和 B2 单元格进行合并操作，然后单击"开始"选项卡上"单元格"组中的"格式"按钮下的小三角按钮，在展开的列表中选择"设置单元格格式"对话框，单击"边框"选项卡标签，单击对角线按钮后单击"确定"按钮，如图 4-20 所示。

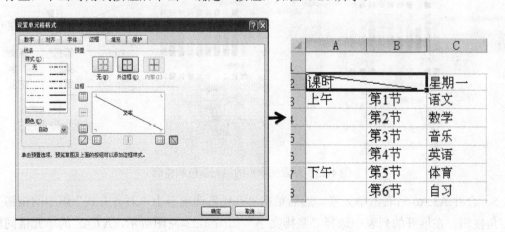

图 4-20　单击对角线按钮

2．删除"课时"文字后，将鼠标指针指向行标 2 和 3 的边界处，当鼠标指针变为双箭头时，按住鼠标左键并上下拖动，到合适位置后释放鼠标，即可调整行高。

3．选择"插入"选项卡中"插图"组中的"形状"列表中的"文本框"工具，如图 4-21 左图所示，在添加斜线的单元格中按住鼠标左键并拖动绘制一个文本框，然后输入文本，如图 4-21 右图所示。

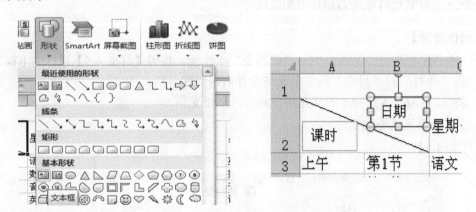

图 4-21　绘制文本框并输入文本

4．保持文本框的选中状态，分别在"绘图工具　格式"选项卡的"形状填充"和"形状轮廓"列表中选择"无填充颜色"和"无轮廓"项，如图 4-22 左图和中图所示，效果如图 4-22 右图所示。然后复制该文本框到该单元格的其他位置，并修改其中的文本，效果如图 4-22 右图所示。

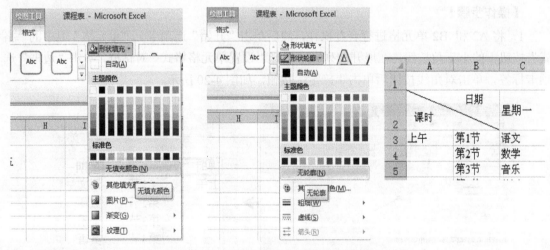

图 4-22　设置文本框的填充颜色和轮廓

5．合并 A3:A6 后右击单元格，然后单击"开始"选项卡上"对齐方式"组中的按钮下的小三角按钮，在展开的列表中选择"竖排文字"如图 4-23 左图所示，A7:A8 的单元格同样，如图 4-23 右图所示。

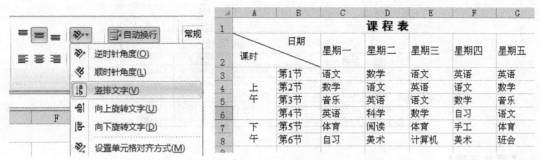

图 4-23 为单元格设置竖排文字

6. 单击 G8 单元格，然后单击"审阅"选项卡上"批注"组中的"新建批注"按钮（右击后在弹出的快捷菜单中选择"插入"批注），在显示的批注框中输入批注内容，如 4-24 左图所示。

7. 拖动批注框右下的控制点，可以调整批注框的大小，使其显示全部批注内容，单击其他单元格，完成批注的添加如图 4-24 右图所示。最后保存工作簿。

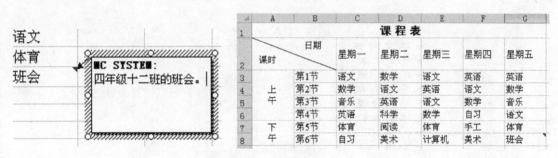

图 4-24 批注的添加

4.3 美化工作表

任务一 设置单元格格式

【操作要求】

打开本书配套素材"第四章"→"总公司 2008 年销售计划"工作簿，按照【样文 4-6】进行如下操作：

1. 标题格式：字体为隶书，字号为 22，粗体，底纹为浅黄色，字体颜色为红色。

2. 表格中的数据单元格区域设置为数值格式，保留 2 位小数，右对齐，其他各单元格内容居中。

3. 设置表格边框线，按样文为表格设置相应的边框格式。

4. 定义单元格名称，将标题的名称定义为"统计资料"。

【样文 4-6】

统计资料		*fx*	'总公司2008 年销售计划		
	A	B	C	D	E	F

	A	B	C	D	E	F
1	总公司2008 年销售计划					
2	单位名称	服装	鞋帽	电器	化妆品	合计
3	人民商场	81500.00	285200.00	668000.00	349500.00	1384200.00
4	幸福大厦	68000.00	102000.00	563000.00	165770.00	898770.00
5	东方广场	75000.00	144000.00	786000.00	293980.00	1298980.00
6	平价超市	51500.00	128600.00	963000.00	191550.00	1334650.00
7	总计	276000.00	659800.00	2980000.00	1000800.00	4916600.00

【操作步骤】

1．将 A1:F1 单元格区域合并居中，然后单击"开始"选项卡上的"字体"组中的"字体"按钮右侧的三角按钮，在展开的"字体"下拉列表中选择"隶书"字体，如图 4-25 左图所示。

2．单击"字号"按钮右侧的三角按钮，在展开的"字号"下拉列表中选择"22"号后单击按钮，字体被加粗，如图 4-25 右图所示。

提示：也可选定单元格后单击字号编辑框以选中字号，直接输入数据后按 Enter 键来设置字号。

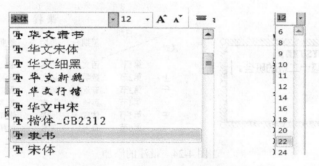

图 4-25　设置单元格字符格式

3．单击"字体颜色"按钮右侧的三角按钮，在展开的"字体颜色"下拉列表中选择"红色"颜色，如图 4-26 左图所示。

4．单击"填充颜色"按钮右侧的三角按钮，在展开的"填充颜色"下拉列表中选择"蓝色"颜色，如图 4-26 右图所示。

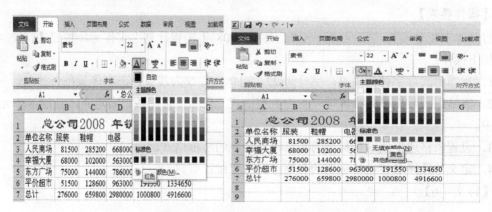

图 4-26　设置字体和底纹的颜色

5. 选中 B3:F3 单元格区域，然后单击"开始"选项卡上"数字"组中"数字格式"按钮右侧的三角按钮，在展开的列表中选择"其他数字格式"选项，如图 4-27 所示，在打开的"设置单元格格式"对话框中"数字"选项卡的"分类"里选中"数值"，同时选择小数位数"2"，确定即可。

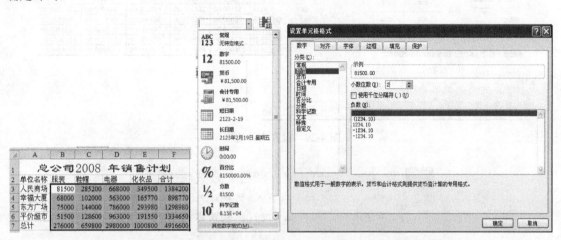

图 4-27 设置单元格的数值格式

6. 选中 A2:F2、A3:A7 单元格区域，然后单击"开始"选项卡上"对齐方式"组中的"底端对齐"和"居中"按钮，如图 4-28 所示。

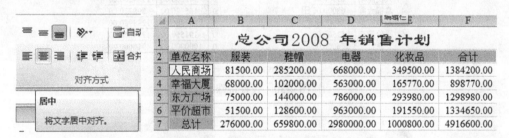

图 4-28 设置单元格的对齐方式

7. 选中 B3:F7 单元格区域，然后单击"开始"选项卡上"对齐方式"组中的"底端对齐"和"右对齐"按钮。

8. 选中 A2:F7 单元格区域，然后单击"开始"选项卡上"字体"组中的"下框线"按钮在出现的下拉列表中选择"其他边框"选项，打开"设置单元格格式"对话框并显示"边框"选项卡。在"线条"样式列表中选择一种粗线条样式，然后选择"边框"中的上线和下线，再选择"样式"中的一种细线条样式后单击"内部"按钮，如图 4-29 所示。

9. 选中 A2:F2 单元格区域，然后单击"开始"选项卡上"字体"组中的"双底框线"按钮，如图 4-30 所示。

10. 选中 A1 单元格后，单击"公式"选项卡中"定义的名称"组中名称定义，在打开的"新建名称"对话框的"名称"中输入"统计资料"，在"范围"中选中"Sheet1"后，单击"确定"按钮即可，如图 4-31 所示。

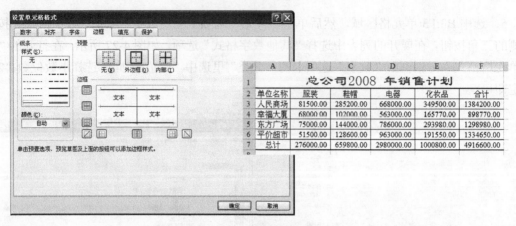

图 4-29　设置内外边框

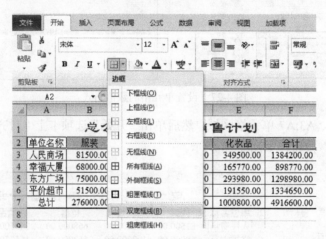

图 4-30　设置特殊线

图 4-31　名称的定义

任务二　使用条件格式

【操作要求】

打开本书配套素材"第四章"→"商品房交易环比表"工作簿，按照【样文 4-7】进行如下操作：

1．使用"突出显示规则"中"浅红填充色深红色文本"来查看商品房交易环比表过去 9 个月来商品房和商品住房"交易均价"大于 5000 的单元格。

2．使用"项目选取规则"中"黄填充色深绿色文本"来查看商品房交易环比表过去 9 个月来商品房和商品住房"成交宗数"值最大的 5 项。

3．使用"数据条"中"紫色数据条"规则来查看商品房交易环比表过去 9 个月来商品房和商品住房"环比值"的高低。

【样文 4-7】

▲	A	B	C	D	E	F	G	H	I	J
1				2014年某区预售商品房交易环比表						
2		商品房				其中：商品住房				
3		成交宗数	环比（%）	交易均价（元/m^2）	环比（%）	成交宗数	环比（%）	交易均价（元/m^2）	环比（%）	
4	1月	314	-44.03	￥5,195.71	1.03	189	-43.36	￥5,023.23	0.13	
5	2月	302	-4.14	￥4,929.32	-5.23	256	-3.56	￥4,583.12	-4.15	
6	3月	769	158.8	￥4,926.31	-0.12	568	69.36	￥4,123.01	-0.09	
7	4月	581	-25.29	￥4,860.37	1.89	546	-11.45	￥4,456.18	0.19	
8	5月	903	56.87	￥4,649.12	1.13	716	41.23	￥4,783.21	1.05	
9	6月	1191	22.56	￥5,213.45	5.12	1102	34.26	￥5,412.36	3.56	
10	7月	904	-18.32	￥5,526.31	3.25	861	-12.65	￥5,019.36	2.59	
11	8月	628	-32.39	￥5,741.78	-2.89	598	-26.56	￥5,214.03	-2.18	
12	9月	456	-25.24	￥5,132.24	12.36	406	-34.12	￥5,211.09	9.12	

【操作步骤】

1．选中要应用规则的单元格区域 D4:D12，后按住 Ctrl 键再选择 F4:F12，然后单击"开始"选项卡上"样式"组中的"条件格式"按钮，在展开的列表中选择"突出显示单元格规则"→"大于"项，如图 4-32 所示。

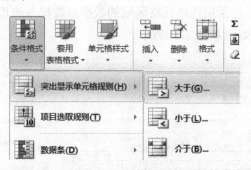

图 4-32　选择"突出显示单元格规则"

2．打开"大于"对话框，直接在编辑框输入"5000"，然后在"设置为"下拉列表中选择"浅红填充色深红色文本"，如图 4-33 所示，单击"确定"按钮。

3．选中要应用规则的单元格区域 B4:B12，后按住 Ctrl 键再选择 F4:F12，然后单击"开始"选项卡上"样式"组中的"条件格式"按钮，在展开的列表中选择"项目选取规则"→"值最大的 10 项"，如图 4-34 左图所示。

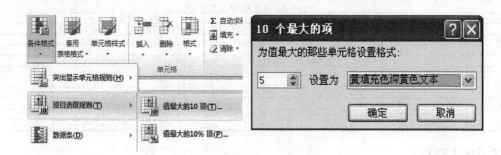

	A	B	C	D	E	F	G	H	I	J
1				2014年某区预售商品房交易环比表						
2			商品房				其中：商品住房			
3		成交宗数	环比（%）	交易均价（元/m^2）	环比（%）	成交宗数	环比（%）	交易均价（元/m^2）	环比（%）	
4	1月	314	−44.03	¥5,195.71	1.03	189	−43.36	¥5,023.23	0.13	
5	2月	302	−4.14	¥4,929.32	−5.23	256	−3.56	¥4,583.12	−4.15	
6	3月	769	158.8	¥4,926.31	−0.12	568	69.36	¥4,123.01	−0.09	
7	4月	581	−25.29	¥4,860.37	1.					
8	5月	903	56.87	¥4,649.12	1.					
9	6月	1191	22.56	¥5,213.45	5.					
10	7月	904	−18.32	¥5,526.31	3.					
11	8月	628	−32.39	¥5,741.78	1.					
12	9月	456	−25.24	¥5,132.24	12.					
13										

大于

为大于以下值的单元格设置格式：

¥5,000　　设置为　浅红填充色深红色文本

确定　　取消

图 4-33　设置规则

4．打开"10 个最大的项"对话框，直接在编辑框输入"5"，然后在"设置为"下拉列表中选择"黄填充色深黄色文本"，如图 4-34 右图所示，单击"确定"按钮。

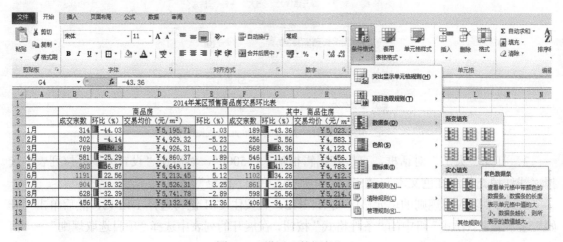

10 个最大的项

为值最大的那些单元格设置格式：

5　　设置为　黄填充色深黄色文本

确定　　取消

图 4-34　设置"项目选取规则"

5．选中要应用规则的单元格区域 D4:D12，后按住 Ctrl 键再选择 G4:G12，然后单击"开始"选项卡上"样式"组中的"条件格式"按钮，在展开的列表中选择"数据条"→"渐变填充"→"紫色数据条"项，结果所选单元格区域的数据以数据条的长短显示高低。使用条件格式标识工作表后的效果，如图 4-35 右图所示。

图 4-35　设置"数据条"

4.4 使用公式和函数

任务一 公式的使用

【操作要求】

打开本书配套素材"第四章"→"学期成绩表 1"工作簿,利用公式计算"总成绩"和"平均成绩",并将"平均成绩"的小数位设置为 1 位。

【操作步骤】

1. 单击要输入公式的单元格 G3,然后输入公式"=C3+D3+E3+F3",如图 4-36 所示,按 Enter 键得到第一个学生的总成绩。

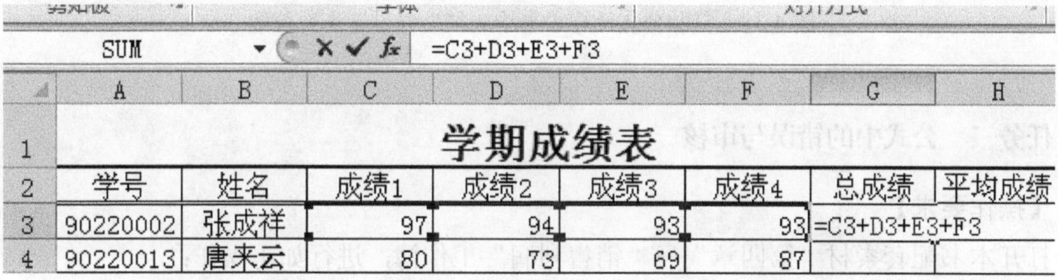

	A	B	C	D	E	F	G	H
	SUM				fx	=C3+D3+E3+F3		
1				学期成绩表				
2	学号	姓名	成绩1	成绩2	成绩3	成绩4	总成绩	平均成绩
3	90220002	张成祥	97	94	93	93	=C3+D3+E3+F3	
4	90220013	唐来云	80	73	69	87		

图 4-36 输入公式

2. 向下拖动 G3 单元格右下角的填充柄至 G14 单元格,计算出其他学生的总成绩,如图 4-37 所示。

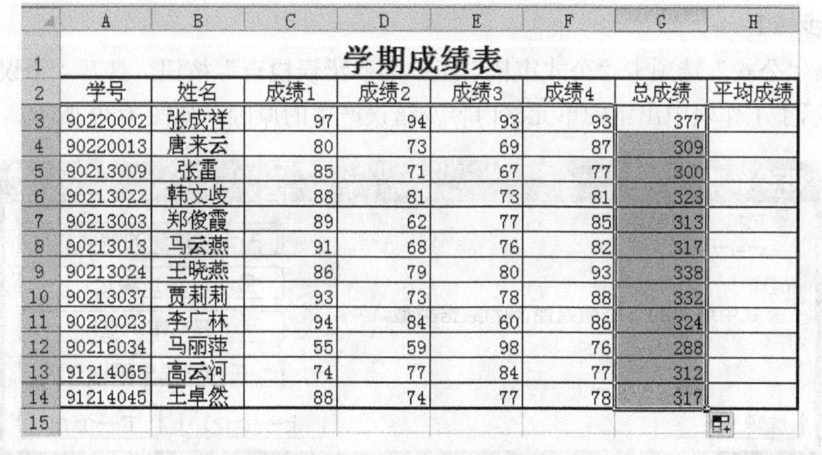

	A	B	C	D	E	F	G	H
1				学期成绩表				
2	学号	姓名	成绩1	成绩2	成绩3	成绩4	总成绩	平均成绩
3	90220002	张成祥	97	94	93	93	377	
4	90220013	唐来云	80	73	69	87	309	
5	90213009	张雷	85	71	67	77	300	
6	90213022	韩文岐	88	81	73	81	323	
7	90213003	郑俊霞	89	62	77	85	313	
8	90213013	马云燕	91	68	76	82	317	
9	90213024	王晓燕	86	79	80	93	338	
10	90213037	贾莉莉	93	73	78	88	332	
11	90220023	李广林	94	84	60	86	324	
12	90216034	马丽萍	55	59	98	76	288	
13	91214065	高云河	74	77	84	77	312	
14	91214045	王卓然	88	74	77	78	317	
15								

图 4-37 复制公式计算其他学生总成绩

3. 在 H3 单元格中输入公式"=G3/4",按"编辑框"前的"对号",计算出第一个学生的平均成绩。向下拖动 H3 单元格右下角的填充柄至 H14 单元格,计算出其他学生的平均成绩,保持"平均成绩"列中相关数据的选中状态,然后单击 2 次"开始"选项卡上的"数字"组中的"减小小数位数"按钮,将小数位设置为 1 位,如图 4-38 所示。

图 4-38　复制公式计算"平均成绩"并设置小数位数

任务二　公式中的错误与审核

【操作要求】

打开本书配套素材"第四章"→"销售利润"工作簿，进行如下操作：

1．利用公式的"错误检查"来查看工作表中出错的单元格内容及错误产生原因。

2．查看 B4 单元格被哪一个单元格引用。

3．查看 D5 单元格引用哪些单元格。

4．取消箭头。

【操作步骤】

1．单击"公式"选项卡"公式审核"组中的"错误检查"按钮，打开"错误检查"对话框，其中显示了工作表中出错的单元格内容及错误产生的原因，如图 4-39 所示。

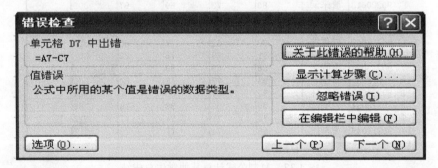

图 4-39　"错误检查"对话框

2．关闭"错误检查"对话框，选择 D7 单元格，单击"公式审核"组中的"错误检查"按钮右侧的三角按钮，在展开的列表中选择"追踪错误"项，此时，A7 和 C7 单元格中各显示一个蓝点，并由一条蓝色箭头线连接指向 D7 单元格，如图 4-40 所示。

	A	B	C	D	E
1	某公司各代理商销售统计表				
2				制表日期：	2000-1-3
3	部门名称	销售额	成本	利润	利润率
4	代理商1	￥5,672	￥4,921	751	15.26%
5	代理商2	￥6,245	￥5,210	1035	19.87%
6	代理商3	￥5,231	￥4,810	421	8.75%
7	代理商4	￥6,528	￥5,700	#VALUE!	#VALUE!
8	代理商5	￥6,279	￥5,327	952	17.87%

图 4-40　追踪出错单元格所引用的单元格

3．经观察发现：D7 单元格中的公式应为"=B7-C7"，修改 D7 单元格中的公式，按 Enter 键即可。

提示：单击出错的单元格，在其左侧出现一个按钮，单击该按钮，用户可以弹出的菜单中选择对错误单元格进行纠正的途径，如图 4-41 所示。

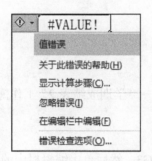

图 4-41　利用菜单纠正单元格错误

4．按照上述步骤重复修改 E9。

5．选择 B4 单元格，然后单击"公式审核"组中的"追踪从属单元格"按钮，此时 B4 单元格中出现一个蓝点，并由箭头指向它所从属的单元格 D4，如图 4-42 所示。

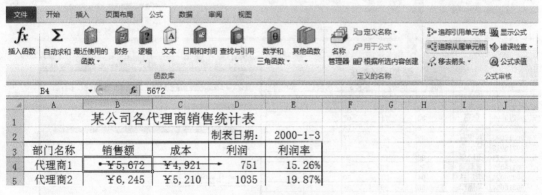

图 4-42　追踪从属单元格

6．选择 D5 单元格，然后单击"公式审核"组中的"追踪引用单元格"按钮，此时 B5 和 C5 单元格中各出现一个蓝点，并由箭头线连接指向单元格 D5，说明 D5 单元格引用了 B5 和 C5 单元格，如图 4-43 所示。

图 4-43　追踪引用单元格

7. 单击"移去箭头"按钮，可以取消箭头。

任务三　函数的使用

一、应用函数计算

【操作要求】

打开本书配套素材"第四章"→"学期成绩表 2"工作簿，利用函数计算"总成绩"和"平均成绩"。

【操作步骤】

1. 单击要输入公式的单元格 G3，然后单击编辑栏中的"插入函数"按钮，打开"插入函数"对话框，在"或选择类别"下拉列表中选择"常用函数"类，然后再"选择函数"列表中选择"SUM"函数，如图 4-44 所示。

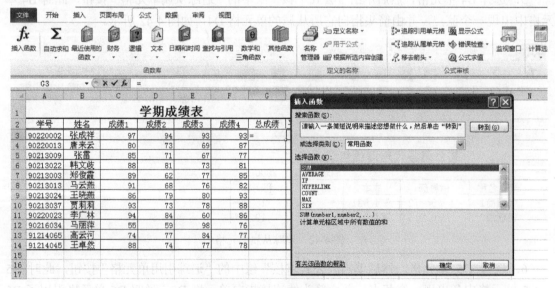

图 4-44　插入函数

提示：在"公式"选项卡中有"插入函数"，函数库中有求和按钮，都可以找到函数。

2．单击"确定"按钮，打开"函数参数"对话框，单击 Number1 编辑框右侧的压缩对话框，如图 4-45 上图所示。

3．在工作表中选择要求和的单元格区域 C3:F3，如图 4-45 下图所示，然后单击展开对话框按钮返回"函数参数"对话框。

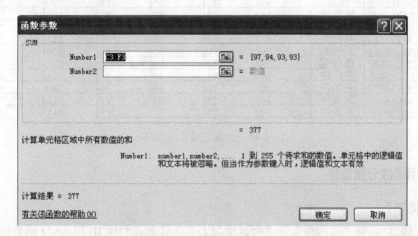

图 4-45　选择计算区域

4．单击"函数参数"对话框中的"确定"按钮得到结果，拖动填充柄后得到其他人的总成绩，如图 4-46 所示。

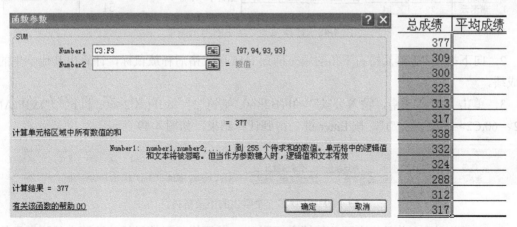

图 4-46　得到计算结果

5. 计算平均成绩的做法同上，结果如图 4-47 所示。

	A	B	C	D	E	F	G	H
1	学期成绩表							
2	学号	姓名	成绩1	成绩2	成绩3	成绩4	总成绩	平均成绩
3	90220002	张成祥	97	94	93	93	377	94
4	90220013	唐来云	80	73	69	87	309	77
5	90213009	张雷	85	71	67	77	300	75
6	90213022	韩文歧	88	81	73	81	323	81
7	90213003	郑俊霞	89	62	77	85	313	78
8	90213013	马云燕	91	68	76	82	317	79
9	90213024	王晓燕	86	79	80	93	338	85
10	90213037	贾莉莉	93	73	78	88	332	83
11	90220023	李广林	94	84	60	86	324	81
12	90216034	马丽萍	55	59	98	76	288	72
13	91214065	高云河	74	77	84	77	312	78
14	91214045	王卓然	88	74	77	78	317	79

图 4-47　计算完成后的表格

二、应用函数分析数据

【操作要求】

打开本书配套素材“第四章”→“考试情况表”工作簿，利用 IF 和 AND 函数做如下操作：

1. 如果机试和笔试成绩都大于等于 60，就在“考试结果”列的相应单元格中显示“合格”，否则“不合格”。

2. 如果机试或笔试成绩都小于 60，就在“不及格科目”列的相应单元格中显示科目名称“笔试”，否则“机试”，机试或笔试成绩都大于等于 60，则显示“无”。

【操作步骤】

1. 单击 D2 单元格，输入公式“=IF(AND(B2>=60,C2>=60),"合格","不合格")”，如图 4-48 左图所示，按 Enter 键，得到计算结果，如图 4-48 右图所示。

SUM　=IF（AND（B2〉=60，C2〉=60），"合格","不合格"）

	A	B	C	D	E	F	G
1	姓名	笔试	机试	考试结果	不及格科目		
2	张成祥	38	94	=IF（AND（B2〉=60，C2〉=60），"合格","不合格"）			
3	唐来云	79	54				

C	D
机试	考试结果
94	不合格
54	

图 4-48　计算第一个学生的考试结果

2. 向下拖动 D2 单元格右下角的填充柄到 D15 单元格后释放鼠标，计算出其他学生的考试成绩。

3. 单击 E2 单元格，输入公式“=IF(B2<60,"笔试","")&IF(C2<60,"机试","")&IF(AND(B2>=60,C2>=60),"无","")”，按 Enter 键，得到计算结果，如图 4-49 所示。

	A	B	C	D	E	F	G	H	I	J	K
1	姓名	笔试	机试	考试结果	不及格科目						
2	张成祥	38	94	不合格	=IF(B2<60,"笔试","")&IF(C2<60,"机试","")&IF(AND(B2>=60,C2>=60),"无","")						

图 4-49　计算第一个学生的不及格科目

4. 向下拖动 E2 单元格右下角的填充柄到 E15 单元格后释放鼠标，计算出其他学生的不及格科目，如图 4-50 所示。

	A	B	C	D	E
1	姓名	笔试	机试	考试结果	不及格科目
2	张成祥	38	94	不合格	笔试
3	唐来云	79	54	不合格	机试
4	张雷	90	95	合格	无
5	韩文歧	99	45	不合格	机试
6	郑俊霞	58	78	不合格	笔试
7	马云燕	56	61	不合格	笔试
8	王晓燕	53	36	不合格	笔试机试
9	贾莉莉	69	98	合格	无
10	李广林	89	54	不合格	机试
11	马丽萍	98	68	合格	无
12	高云河	97	95	合格	无
13	王卓然	96	72	合格	无
14	方文	45	69	不合格	笔试
15	吕敏	65	82	合格	无

图 4-50　计算其他学生的不及格科目

三、应用函数计算和分析数据

【操作要求】

打开本书配套素材"第四章"→"数据库成绩表"工作簿，利用函数进行如下操作：

1．计算数据库成绩的平均成绩及男生和女生的总成绩。

2．计算数据库成绩的最高分、最低分。

【操作步骤】

1．单击 G2 单元格，输入公式"=AVERAGE(D3:D15)"，按 Enter 键，得到计算结果后将 D2 单元格的小数位设置为 2 位，如图 4-51 所示。

		G2		fx	=AVERAGE(D3:D15)		
	A	B	C	D	E	F	G
1		计网13数据库成绩表					
2	学号	姓名	性别	数据库		平均成绩	71.62
3	130101001	贾明	男	70		男生总成绩	
4	130101002	王丽	女	68		女生总成绩	
5	130101003	郝敏华	女	62		最高分	
6	130101004	李夏	男	80		最低分	
7	130101005	王兴华	男	82			
8	130101006	刘小强	男	72			
9	130101007	杨丽霞	女	81			
10	130101008	赵宏祝	男	65			
11	130101009	刘玉红	女	75			
12	130101010	张兴	女	56			
13	130101011	韩浩	男	83			
14	130101012	岳明明	男	58			
15	130101013	张小红	女	79			

图 4-51　计算平均成绩

2．单击 G3 单元格，然后单击编辑栏上的"插入函数"按钮，在打开的"插入函数"对话框中选择"常用函数"中的"SUMIF"，如图 4-52 所示，然后单击"确定"按钮。

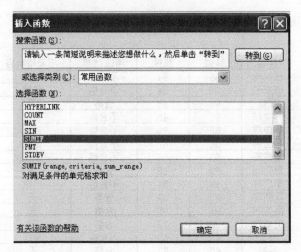

图 4-52　选择函数

3．单击"函数参数"对话框中第一个参数右侧的压缩对话框按钮，在工作表中选择要根据条件计算的单元格区域 C3:C20，如图 4-53 所示，然后单击对话框按钮返回。

学号	姓名	性别					
		计网13数据库成绩表					
学号	姓名	性别					
130101001	贾明	男	70		男生总成绩	(C3:C15)	
130101002	王丽	女	68		女生总成绩		
130101003	郝敏华	女	62		最高分		
130101004	李夏	男	80		最低分		
130101005	王兴华	男	82				
130101006	刘小强	男	72				
130101007	杨丽霞	女	81				
130101008	赵宏祝	男	65				
130101009	刘玉红	女	75				
130101010	张兴	女	56				
130101011	韩浩	男	83				
130101012	岳明明	男	58				
130101013	张小红	女	79				

图 4-53　选择参数区域

4．单击"函数参数"对话框中第二个参数右侧的压缩对话框按钮，在工作表中选择要相加条件的单元格区域 C3，如图 4-54 所示，然后单击对话框按钮返回。

学号	姓名	性别					
		计网13数据库成绩表					
学号	姓名	性别					
130101001	贾明	男	70		男生总成绩	C15,C3)	
130101002	王丽	女	68		女生总成绩		
130101003	郝敏华	女	62		最高分		
130101004	李夏	男	80		最低分		
130101005	王兴华	男	82				
130101006	刘小强	男	72				
130101007	杨丽霞	女	81				
130101008	赵宏祝	男	65				
130101009	刘玉红	女	75				
130101010	张兴	女	56				
130101011	韩浩	男	83				
130101012	岳明明	男	58				
130101013	张小红	女	79				

图 4-54　选择第二个数据

5. 单击"函数参数"对话框中第三个参数右侧的压缩对话框按钮，在工作表中选择要实际相加的单元格区域 D3:D15，如图 4-55 所示，然后单击对话框按钮返回"函数参数"对话框。

图 4-55　选择第三个参数

6. 所有参数设置完毕，单击"函数参数"对话框中的"确定"按钮得到结果，用同样的方法计算女生的成绩。

7. 计算数据库成绩的最高分、最低分。分别在单元格 G5、G6 中输入公式"=MAX(D3:D15)""=MIX(D3:D15)"结果如图 4-56 所示。

图 4-56　计算完成

四、单元格引用

【操作要求】

打开本书配套素材"第四章"→"水电费支出表"工作簿，进行如下操作：

1. 计算各住户上半年、下半年的水费。

2. 计算各住户上半年、下半年的水费的合计，及全年合计。

【操作步骤】

1．在“上半年”工作表中单击E4单元格，输入公式“=D4*B15”，得到第一个住户的水费金额，如图4-57所示。

2．拖动E4单元格右下角的填充柄至E12单元格后释放鼠标，得到其他住户的水费金额，如图4-58所示。

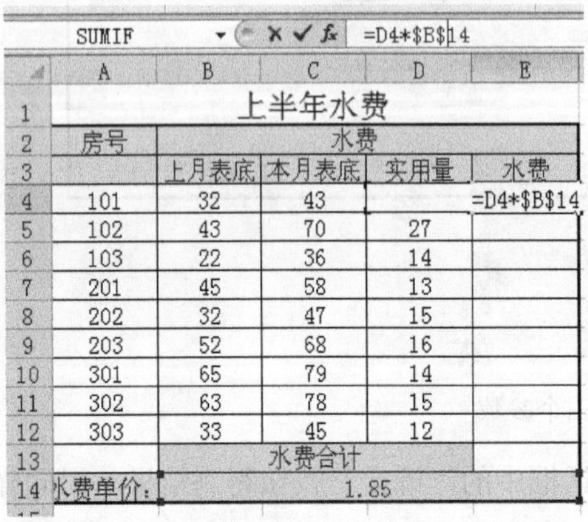

	A	B	C	D	E
1	上半年水费				
2	房号	水费			
3		上月表底	本月表底	实用量	水费
4	101	32	43		=D4*B14
5	102	43	70	27	
6	103	22	36	14	
7	201	45	58	13	
8	202	32	47	15	
9	203	52	68	16	
10	301	65	79	14	
11	302	63	78	15	
12	303	33	45	12	
13		水费合计			
14	水费单价：	1.85			

图4-57　输入公式

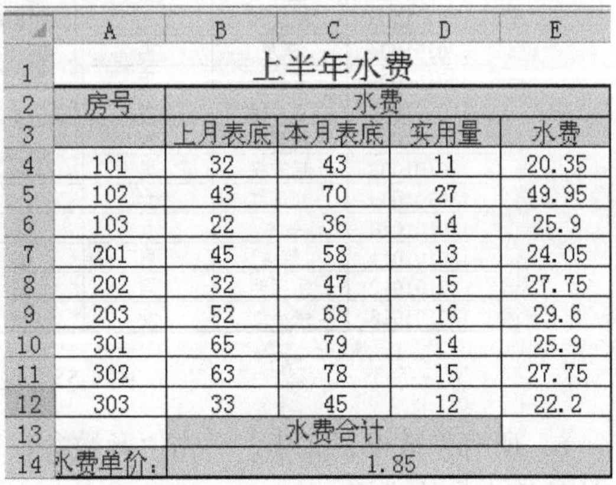

	A	B	C	D	E
1	上半年水费				
2	房号	水费			
3		上月表底	本月表底	实用量	水费
4	101	32	43	11	20.35
5	102	43	70	27	49.95
6	103	22	36	14	25.9
7	201	45	58	13	24.05
8	202	32	47	15	27.75
9	203	52	68	16	29.6
10	301	65	79	14	25.9
11	302	63	78	15	27.75
12	303	33	45	12	22.2
13		水费合计			
14	水费单价：	1.85			

图4-58　上半年水费计算结果

3．单击工作表“上半年”中的E13单元格后单击“开始”选项卡上“编辑”组中的“求和”按钮，然后用同样的方法计算下半年的水费，效果如图4-59所示。

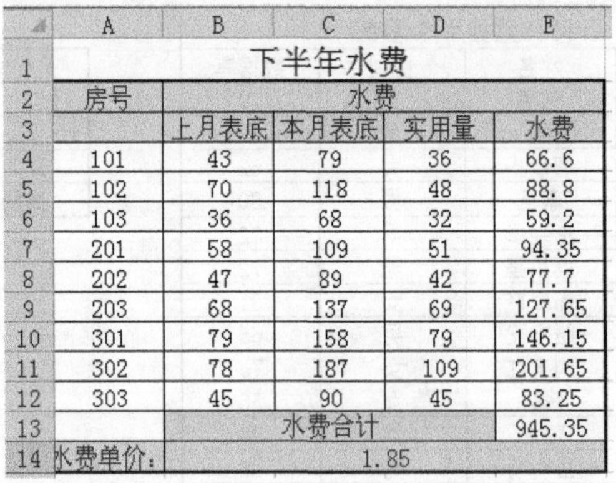

	A	B	C	D	E
1	下半年水费				
2	房号	水费			
3		上月表底	本月表底	实用量	水费
4	101	43	79	36	66.6
5	102	70	118	48	88.8
6	103	36	68	32	59.2
7	201	58	109	51	94.35
8	202	47	89	42	77.7
9	203	68	137	69	127.65
10	301	79	158	79	146.15
11	302	78	187	109	201.65
12	303	45	90	45	83.25
13		水费合计			945.35
14	水费单价：	1.85			

图4-59　下半年水费计算结果

4．单击“合计”工作表的A2单元格输入等号“=”然后单击“上半年”工作表的E13，输入加号“+”后再单击“下半年”工作表的E13，按Enter键计算出合计值，如图4-60所示。

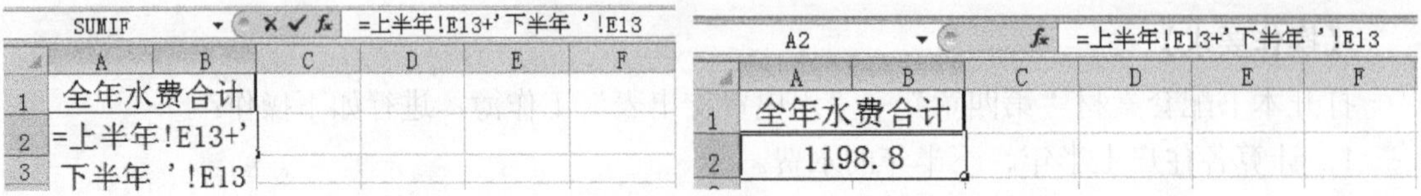

图4-60　计算合计值

4.5 管理工作表的数据

任务一 数据排序

【操作要求】

打开本书配套素材"第四章"→"员工资料表"工作簿，进行如下操作：

1. 在 Sheet1 工作表中按"工资"进行降序排序。

2. 在 Sheet2 工作表中按第一关键字"性别"升序，第二关键字"工龄"降序对员工资料表数据进行多关键字排序。

【操作步骤】

1. 单击 Sheet1 工作表中"工资"一列的任意一个单元格，然后单击"数据"选项卡上"排序与筛选"组中的"降序"按钮，结果如图 4-61 所示。

	A	B	C	D	E	F	G
1	姓名	部门	性别	年龄	籍贯	工龄	工资
2	王小明	开发部	男	36	陕西	6	2500
3	王川	开发部	女	32	辽宁	6	2200
4	沈克	测试部	男	28	湖北	4	2100
5	林海	开发部	男	30	陕西	5	2000
6	胡海涛	测试部	女	25	江西	5	2000
7	王卫平	市场部	女	25	江西	2	1900
8	黄璐京	市场部	男	26	山东	4	1800
9	杨宝春	测试部	男	22	上海	5	1800
10	连威	市场部	女	24	山东	4	1800
11	庄凤仪	开发部	女	25	辽宁	3	1700
12	陈鹏	测试部	男	32	江西	4	1600
13	沈奇峰	市场部	男	26	四川	5	1600
14	艾芳	文档部	男	32	山西	4	1500
15	任水滨	开发部	女	26	湖南	2	1400
16	金星	文档部	女	24	江苏	2	1400
17	刘学燕	文档部	女	24	河北	2	1200
18	张晓寰	文档部	男	24	广东	1	1200
19	高琳	市场部	女	25	北京	2	1200

图 4-61　设置"工资"一列数据降序排序

2. 单击 Sheet2 工作表中的任意一个非空单元格，然后单击"数据"选项卡上"排序与筛选"组中的"排序"按钮，如图 4-62 所示。

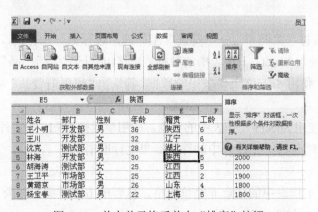

图 4-62　单击单元格后单击"排序"按钮

3．打开"排序"对话框，在"主要关键字"下拉列表选择"性别"，次序为升序。

4．单击"添加条件"按钮，添加一个次要条件，次要关键字为"工龄"，次序为降序，此时的排序对话框如图 4-63 所示。

图 4-63　设置多关键字排序条件

5．单击"确定"按钮，多关键字排序结果如图 4-64 所示。

	A	B	C	D	E	F	G
1	姓名	部门	性别	年龄	籍贯	工龄	工资
2	王小明	开发部	男	36	陕西	6	2500
3	林海	开发部	男	30	陕西	5	2000
4	杨宝春	测试部	男	22	上海	5	1800
5	沈奇峰	市场部	男	26	四川	5	1600
6	沈克	测试部	男	28	湖北	4	2100
7	黄璐京	市场部	男	26	山东	4	1800
8	陈鹏	测试部	男	32	江西	4	1600
9	艾芳	文档部	男	32	山西	3	1500
10	张晓寰	文档部	男	24	广东	1	1200
11	王川	开发部	女	32	辽宁	6	2200
12	胡海涛	测试部	女	25	江西	5	2000
13	连威	市场部	女	24	山东	4	1800
14	庄凤仪	文档部	女	25	辽宁	3	1700
15	王卫平	市场部	女	25	江西	2	1900
16	任水滨	开发部	女	26	湖南	2	1400
17	金星	文档部	女	24	江苏	2	1400
18	刘学燕	文档部	女	24	河北	2	1200
19	高琳	市场部	女	25	北京	2	1200

图 4-64　多关键字排序结果

任务二　筛选数据

【操作要求】

打开本书配套素材"第四章"→"筛选"工作簿，进行如下操作：

1．自动筛选：使用 Sheet1 工作表中的数据，筛选出"日常生活用品"大于 90.00 的记录。

2．按条件筛选：使用 Sheet2 工作表中的数据，筛选出"耐用消费品"大于 90.00 小于 93.00 的记录

3．高级筛选：使用 Sheet3 工作表中的数据，应用单元格 H5:I6 的条件筛选出相应的记录。

4．取消筛选：对 Sheet1 工作表中的筛选结果进行取消。

【操作步骤】

1．单击 Sheet1 工作表中的任意非空单元格，然后单击"数据"选项卡上"排序和筛选"组中的"筛选"按钮，如图 4-65 所示。

图 4-65　单击"筛选"按钮后

2. 此时，工作表标题行中的每一个单元格右侧显示筛选箭头，单击要进行筛选操作列标题"日常生活用品"右侧的筛选箭头，在展开的列表中取消不需要显示的记录左侧的复选框，只勾选需要显示的记录，如图 4-66 左图所示，单击"确定"按钮，得到"日常生活用品"大于 90.00 的筛选结果，如图 4-66 右图所示。

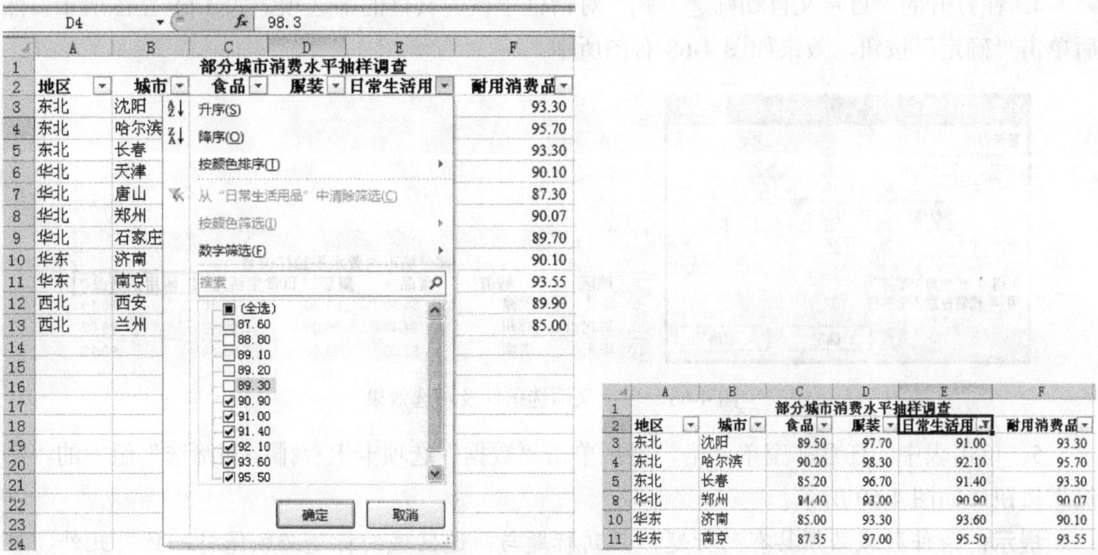

图 4-66　筛选结果

提示：进行筛选操作后，筛选按钮由 ▼ 变成 ⊤ 形状，即添加上了一个筛选标记，此时单击该按钮，在展开的列表中选中"全选"复选框，然后单击"确定"按钮，可重新显示所有数据。

3. 单击 Sheet2 工作表中的任意非空单元格，然后单击"数据"选项卡上"排序和筛选"组中的"筛选"按钮，单击要进行筛选操作列标题"耐用消费品"右侧的筛选箭头，在展开的列表中选择"数字筛选"，然后在展开的子列表中选择筛选条件"介于"选项，如图 4-67 所示。

图 4-67 选择"介于"项

提示： 如果所筛选的列中记录为文本型或日期型数据，筛选列表中的"数字筛选"项会变成"文本筛选"或"日期筛选"，其操作与"数字筛选"相似。此外，如果对工作表中的单元格填充了颜色，还可以按颜色对工作表进行筛选。

4. 在打开的"自定义自动筛选方式"对话框中设置具体的筛选项，如 4-68 左图所示，然后单击"确定"按钮，效果如图 4-68 右图所示。

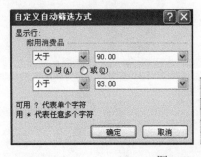

	A	B	C	D	E	F
1			部分城市消费水平抽样调查			
2	地区	城市	食品	服装	日常生活用	耐用消费品
6	华北	天津	84.30	93.30	89.30	90.10
8	华北	郑州	84.40	93.00	90.90	90.07
10	华东	济南	85.00	93.30	93.60	90.10

图 4-68 自定义筛选条件及筛选效果

5. 单击表中的任意非空单元格，然后单击"数据"选项卡上"排序和筛选"组中的"高级"按钮，如图 4-69 所示。

提示： 条件区域必须具有列标题，且列标题与筛选区域的标题必须保持一致。此外，在条件值与筛选区域之间应至少留有一个空白行或空白列。

设置筛选条件时，对于文本类型，可用"*"匹配任意字符串，或用"？"来匹配单个字符；对于数字来说，可直接在单元格中输入表达式。

6. 打开"高级筛选"对话框，确认"列表区域"（参与高级筛选的数据区域）的单元格引用是否正确，如果不正确，重新在工作表中进行选择，如图 4-70 所示。

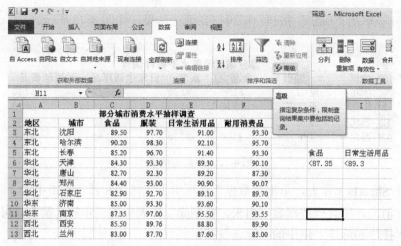

图 4-69　输入筛选条件后单击"高级"按钮

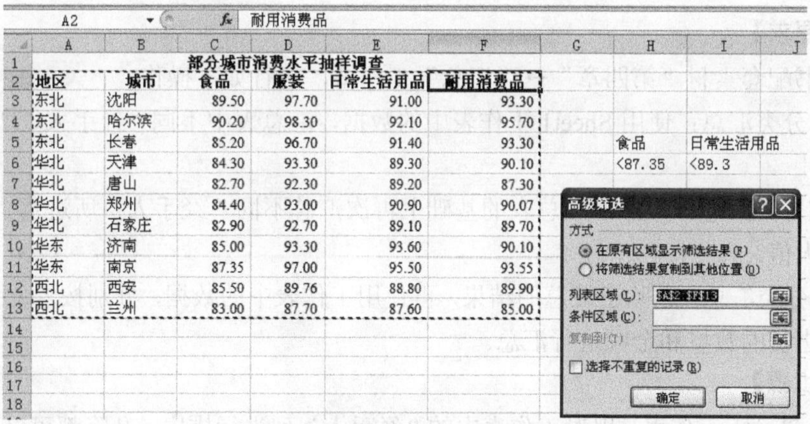

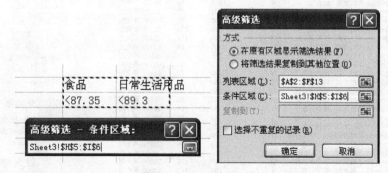

图 4-70　确认列表区域

7. 单击"条件区域"右侧的折叠按钮，然后在工作表中选择步骤 1 输入的筛选条件区域，如图 4-71 左图所示，再单击展开对话框按钮返回"高级筛选"对话框。

8. 在对话框中选择筛选结果的放置位置（在原有位置还是复制到其他位置），如图 4-71 右图所示。

图 4-71　设置各筛选项

9. 设置完毕单击"确定"按钮，即可得到筛选结果，如图 4-72 所示。

	A	B	C	D	E	F
1	部分城市消费水平抽样调查					
2	地区	城市	食品	服装	日常生活用品	耐用消费品
7	华北	唐山	82.70	92.30	89.20	87.30
9	华北	石家庄	82.90	92.70	89.10	89.70
12	西北	西安	85.50	89.76	88.80	89.90
13	西北	兰州	83.00	87.70	87.60	85.00

图 4-72　筛选的结果

10. 打开 Sheet1 工作表，单击"数据"选项卡上"排序和筛选"组中的"清除"按钮，此时筛选标记消失，所有列数据显示出来，要删除工作表中的三角筛选箭头，可单击"数据"选项卡上的"排序和筛选"组中的"筛选"按钮。

任务三　分类汇总数据

【操作要求】

打开本书配套素材"第四章"→"汇总"工作簿，进行如下操作：

1. 简单分类汇总：使用 Sheet1 工作表中的数据，汇总表中不同"经手人"所进货物的数量和金额总计。

2. 多重分类汇总：在上面汇总表的基础上再次汇总不同"经手人"所进货物单价、数量和金额的最大值。

3. 嵌套分类汇总：删除已汇总的结果，再使用工作表中的数据，分别按"经手人"和"进货日期"对进货的数量和金额进行汇总。

【操作步骤】

1. 打开 Sheet1 工作表，现对工作表中的"经手人"列进行排序（升降都可以），如图 4-73 左图所示。

2. 单击"数据"选项卡上的"分级显示"组中的"分类汇总"按钮，如图 4-73 右图所示。

	A	B	C	D	E	F	G	H	I
1	编号	进货日期	进货地点	货物名称	单位	单价	数量	金额	经手人
2	5	2010-9-5	乙批发部	秋林睡衣（男）	件	80	100	8000	李先生
3	6	2010-9-5	乙批发部	秋林睡衣（女）	件	100	90	9000	李先生
4	7	2010-9-5	乙批发部	鄂尔多斯羊毛衫	件	300	150	4500	李先生
5	8	2010-9-5	乙批发部	达芙妮皮鞋	双	150	80	12000	李先生
6	12	2010-9-12	丙批发部	AB内衣	件	200	50	10000	李先生
7	13	2010-9-12	丙批发部	欧时力外套	件	450	50	22500	李先生
8	14	2010-9-12	丙批发部	洛可可外套	件	350	50	16500	李先生
9	19	2010-9-15	甲批发部	阿依莲外套	件	250	100	25000	李先生
10	20	2010-9-23	甲批发部	达芙妮皮鞋	双	220	100	22000	李先生
11	21	2010-9-23	甲批发部	曼可妮单鞋	双	160	80	12800	李先生
12	1	2010-9-1	甲批发部	星期六靴子	双	560	100	56000	吴小姐
13	2	2010-9-1	甲批发部	百丽靴子	双	710	150	106500	吴小姐
14	3	2010-9-1	甲批发部	接吻猫靴子	双	680	80	54400	吴小姐
15	4	2010-9-1	甲批发部	科迪靴子	双	450	200	90000	吴小姐
16	9	2010-9-5	乙批发部	曼可妮单鞋	双	160	80	12800	吴小姐
17	10	2010-9-5	乙批发部	361运动鞋	双	180	50	9000	吴小姐
18	11	2010-9-5	乙批发部	接吻猫靴子	件	68	50	34000	吴小姐
19	15	2010-9-12	丙批发部	圣罗兰外套	件	520	50	26000	吴小姐
20	16	2010-9-15	丙批发部	爱神外套	件	450	50	22500	吴小姐
21	17	2010-9-15	甲批发部	秋水伊人外套	件	120	100	12000	吴小姐
22	18	2010-9-15	乙批发部	红人外套	件	260	80	20800	吴小姐
23	22	2010-9-23	乙批发部	361运动鞋	双	180	50	9000	吴小姐
24	23	2010-9-23	乙批发部	李宁运动鞋	双	240	120	28800	吴小姐
25	24	2010-9-23	乙批发部	李宁外套	件	150	100	15000	吴小姐

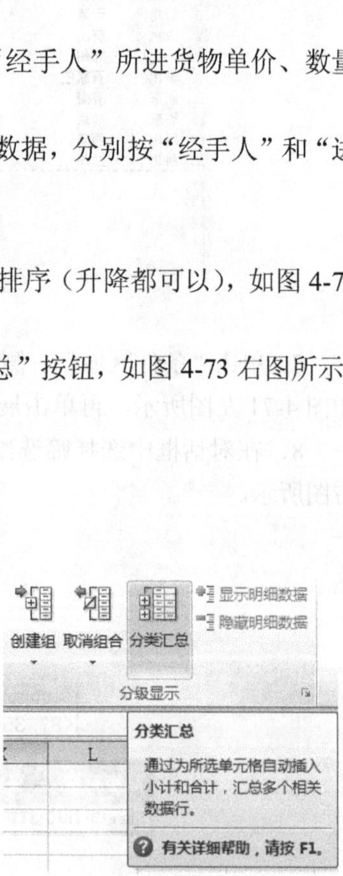

创建组　取消组合　分类汇总　　显示明细数据　隐藏明细数据

分级显示

分类汇总

通过为所选单元格自动插入小计和合计，汇总多个相关数据行。

有关详细帮助，请按 F1。

图 4-73　对工作表中的列进行排序并单击"分类汇总"按钮

3. 在"分类汇总"下拉列表选择要进行分类汇总的列标题"经手人";在"汇总方式"下拉列表选择汇总方式"求和";在"选定汇总项"列表中选择需要进行汇总的列标题"数量"和"金额",如图 4-74 左图所示。设置完毕单击"确定"按钮,结果如图 4-74 右图所示。

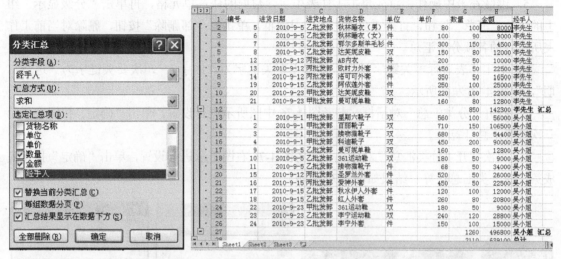

图 4-74　简单分类汇总

提示:在"分类字段"下拉列表进行选择时,该字段必须是已经排序的字段,如果选择没有排序的列标题作为分类字段,最后的分类结果是不正确的。此外,在"分类汇总"对话框中做设置时,注意在"选定汇总项"列表框中选择的汇总项要与"汇总方式"下拉列表中选择的汇总方式相符合。例如,文本是不能进行平均值计算的。

4. 再次打开"分类汇总"对话框进行如图 4-75 左图所示的设置,单击"确定"按钮,结果如图 4-75 右图所示。

图 4-75　多重分类汇总结果

提示： 注意在"分类汇总"对话框中取消"替换当前分类汇总"复选框，否则新创建的分类汇总将替换已存在的分类汇总。此外，选择"每组数据分页"复选框，可使每个分类汇总自动分页。

5．继续在表中操作，首先单击工作表中包含数据的任意单元格，再单击"分级显示"组中的"分类汇总"按钮，打开"分类汇总"对话框，单击"全部删除"按钮，删除对当前工作表所进行的各项分类汇总。

6．对工作表进行多关键字排序，其中主要关键字为"经手人"，次要关键字为"进货日期"，如图 4-76 左图所示。

7．打开"分类汇总"对话框，参考图 4-76 中图所示进行设置，单击"确定"按钮完成第一次分类汇总计算。

8．再次打开"分类汇总"对话框，参考图 4-76 右图所示进行设置，单击"确定"按钮完成第二次分类汇总计算，结果如图 4-77 所示。

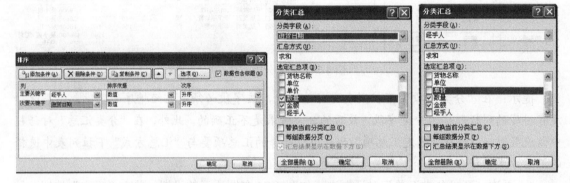

图 4-76　设置嵌套分类汇总

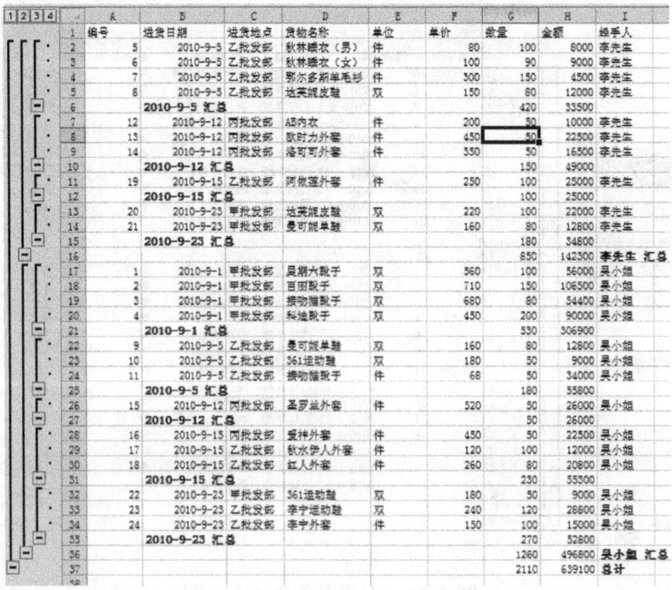

图 4-77　嵌套分类汇总的结果

提示：要取消分类汇总，可打开"分类汇总"对话框，单击"全部删除"按钮。删除分类汇总的同时，Excel 会删除与分类汇总一起插入到列表中的分级显示。

任务四　合并计算数据

【操作要求】

打开本书配套素材"第四章"→"合并计算"工作簿，进行如下操作：

1. 单表合并计算：使用 Sheet1 工作表中的相关数据，在"课程安排统计表"中进行"求和"合并计算。

2. 多表合并计算：使用 Sheet2 工作表中的数据，在"地区消费水平平均值"中进行"均值"合并计算。

【操作步骤】

1. 打开 Sheet1 工作表，单击要放置合并计算结果单元格区域左上角的 F3 单元格，然后单击"合并计算"按钮，如图 4-78 所示。

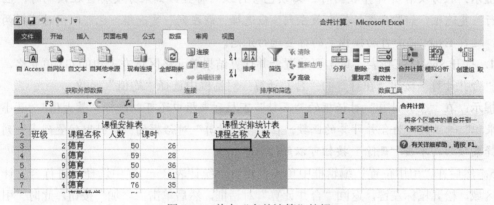

图 4-78　单击"合并计算"按钮

2. 在打开的"合并计算"对话框中选择"求和"函数，然后在"引用位置"编辑框中单击，再选择要进行合并计算的数据区域，松开鼠标左键，返回"合并计算"对话框，如图 4-79 所示。

图 4-79　选择要进行合并计算的数据区域

提示：选择"引用位置"时，要根据合并计算结果放置的表格的标题来选择，也就是合并计算结果放置的表格的标题有什么，要选择计算的数据就选什么，只选内容不选标题。

3．单击"添加"按钮。此时"引用位置"编辑框中的单元格引用处于选择状态，选中"最左列"复选框，然后单击"确定"按钮，结果如图 4-80 所示。可以看到，各科安排都合并计算到"课程安排统计表"中。

课程安排统计表	
课程名称	人数
德育	285
离散数学	262
体育	242
线性代数	306
哲学	363

图 4-80　合并计算结果

提示：按分类合并计算数据时，必须包含行或列标签，如果分类标签在顶端时，应选择"首行"复选框；如果分类标签在最左列，应选择"最左列"复选框；也可以同时选择两个复选框，这样 Excel 将会自动按指定的标签进行汇总。

4．打开 Sheet2 工作表，单击要放置合并计算结果单元格区域左上角的 G3 单元格，然后单击"合并计算"按钮，在打开的"合并计算"对话框中选择"均值"函数。

提示：在"合并计算"对话框的"函数"下拉列表框中还可以选择"最大值""最小值"和"乘积"等函数作为合并计算的函数。在"合并计算"对话框的"所引用位置列表"列表框中选择某项后，单击"删除"按钮可以删除该选项。

5．然后在"引用位置"编辑框中单击，再在"统计表（一）"中选择要进行合并计算的数据区域，松开鼠标左键，返回"合并计算"对话框，然后单击"添加"按钮，此时"引用位置"编辑框中的单元格引用处于选中状态，如图 4-81 所示。

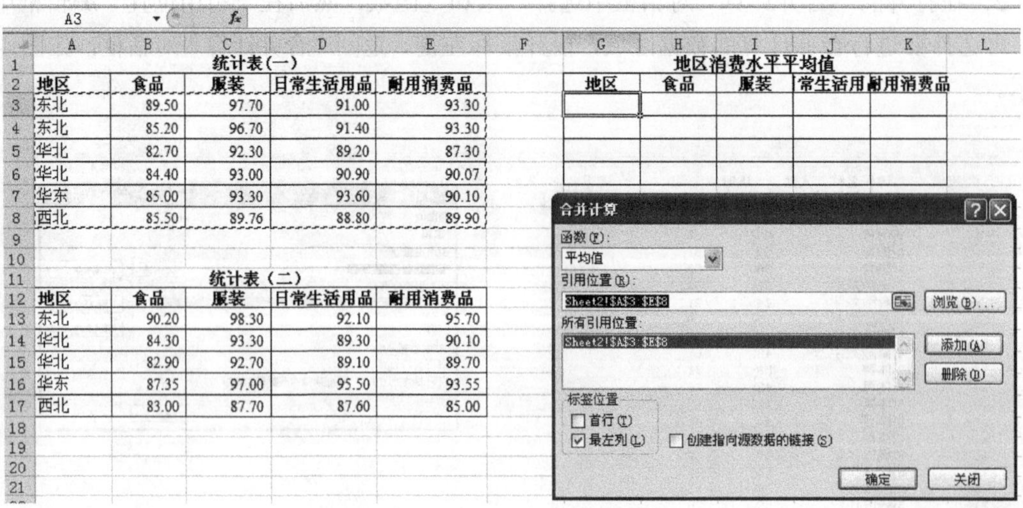

图 4-81　添加第一个数据区域

6. 在"统计表（二）"中选择要进行合并计算的数据区域，松开鼠标左键，返回"合并计算"对话框，然后单击"添加"按钮，将其添加到"所引用位置列表"，如图 4-82 所示。

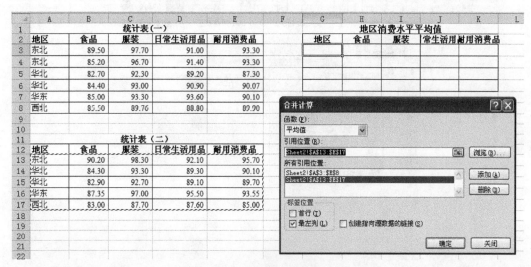

图 4-82　添加第二个数据区域

7. 选中"最左列"复选框，然后单击"确定"按钮，结果如图 4-83 所示。

地区消费水平平均值

地区	食品	服装	日常生活用品	耐用消费品
东北	88.30	97.57	91.50	94.10
华北	83.58	92.83	89.63	89.29
华东	86.18	95.15	94.55	91.83
西北	84.25	88.73	88.20	87.45

图 4-83　合并结果

4.6　使用数据透视表和图表

任务一　创建数据透视表

【操作要求】

打开本书配套素材"第四章"→"透视表"工作簿，进行如下操作：

1. 创建透视表：使用"数据源"工作表中的相关数据，在 Sheet2 中创建按"学历"查看不同"性别"的员工基本工资汇总的数据透视表。

2. 创建数据透视图：使用"数据源"工作表中的数据，在 Sheet3 中创建 "学历"查看"工资"和"奖金"。

【操作步骤】

1. 打开 Sheet2 工作表，单击 A1 单元格，然后单击"插入"选项卡上"表格"组中的"数据透视表"按钮，在展开的列表中选择"数据透视表"，如图 4-84 所示。

图 4-84　单击选择"数据透视表"项

2．打开"创建数据透视表"的对话框，"表/区域"编辑框中自动显示工作表名称和单元格区域的引用如果显示的单元格引用的区域不正确，可以单击其右侧的压缩对话框按钮，然后在工作表中重新选择。

3．在"选择放置数据透视表的位置"选择"现有工作表"，然后单击"确定"按钮，图 4-85 所示。

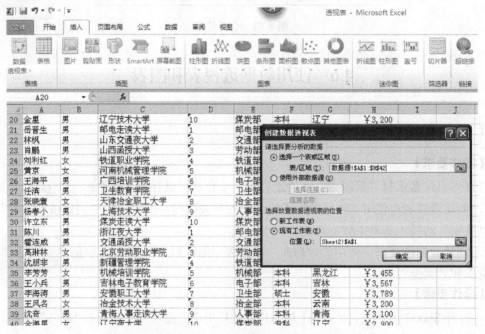

图 4-85　确认要创建数据透视表的数据源区域

4．此时"数据透视表工具"选项卡自动显示，且窗口右侧显示"数据透视表字段列表"窗格，以便用户添加字段、创建布局和自定义数据透视表，如图 4-86 所示。

图 4-86　插入新的工作表

提示："数据透视表字段列表"窗格显示两部分：上方的字段列表区是数据表中包含的字段（列标签），将其拖入下方字段布局区域中的"列标签""行标签""数值"等列表框中，即可在报表区域显示相应的字段和汇总结果。

5．在"数据透视表字段列表"窗格中将所需字段拖到相应位置：将"性别"字段拖到"列标签"区域，将"学历"字段拖到"行标签"区域，"工资"字段拖到"数值"区域，然后在数据透视表外单击，即可创建好数据透视表，效果如图 4-87 所示。

图 4-87　完成的透视表

6. 打开 Sheet3 工作表，单击任意单元格，然后单击"插入"选项卡上"表格"组中的"数据透视表"按钮，在展开的列表中选择"数据透视图"，在打开的对话框中确认要创建数据透视图的数据区域和数据透视图的放置区域，如图 4-88 所示。

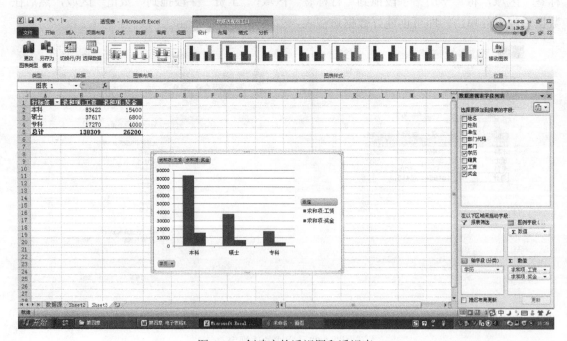

图 4-88　创建数据透视图

7. 单击"确认"按钮，系统自动新建一工作表以放置数据透视表和数据透视图。在"数据透视表字段列表"中布局字段，将"学历"字段拖到"轴字段"区域，"奖金"和"基本工资"字段拖到"数值"区域，然后单击数据透视表或数据透视图外的任意位置，结果如图 4-89 所示，工作表中包括一个数据透视表和一个数据透视图。

图 4-89　创建完的透视图和透视表

提示： 创建数据透视图后，利用"数据透视图工具"选项卡中的各子选项卡，可以对数据透视表进行各种编辑操作，如更改图表类型，设置图表布局，套用图表样式，添加图表和坐标轴标题，对图标进行格式化等。

任务二　创建和编辑图表

【操作要求】

打开本书配套素材"第四章"→"消费指数"工作簿，按照【样文 4-8】进行如下操作：

创建图表：使用 Sheet1 工作表中的 A2:G7 单元格区域相关数据，创建"三维簇状柱形图"并按样图设置图表格式。

【样文 4-8】

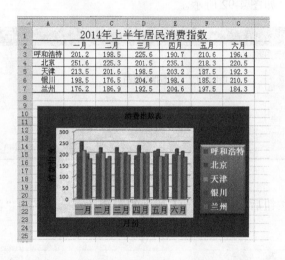

【操作步骤】

1. 打开 Sheet1 工作表，选中工作表中的 A2:G7 单元格区域，然后单击"插入"选项卡上"图表"组中的"柱形图"按钮 ![icon]，在展开的列表中选择"三维簇状柱形图"选项，如图 4-90 左图所示，即可在工作表中创建一个嵌入式图表，如图 4-90 右图所示。

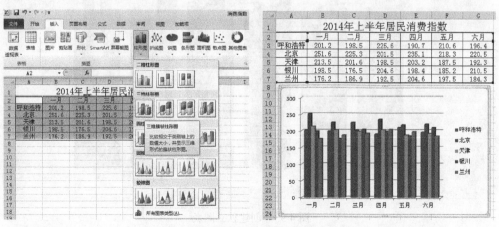

图 4-90　选择图表类型创建嵌入式图表

2．单击"图表工具 设计"选项卡上"位置"组中的"移动图表"按钮，如图 4-91 所示。

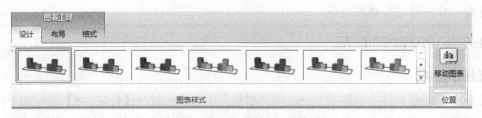

图 4-91 选择移动图表选项

3．在打开的"移动图表"对话框中选择"新工作表"单选钮，然后在其右侧的编辑框中输入"消费指数图表"，如图 4-92 所示。

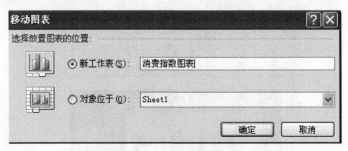

图 4-92 输入独立图表名称

4．单击"确定"按钮后，即可在原工作表的左侧插入一个名为"消费指数图表"的工作表，如图 4-93 所示。

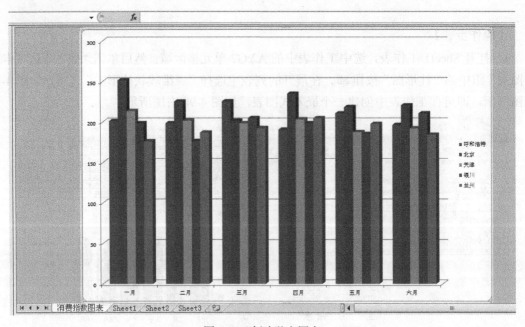

图 4-93 创建独立图表

5. 单击"图表工具 设计"选项卡上"数据"组中的"切换行/列"按钮，如图 4-94 左图所示，将图表中行和列的数据对换，效果如图 4-94 右图所示。

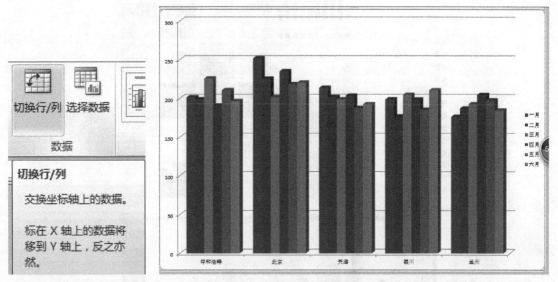

图 4-94　将图表的行和列对换

6. 单击选中"消费指数图表"工作表中的图表，在"图表工具 格式"选项卡上"当前所选内容"组中的"图表元素"下拉列表中选择"图表区"，再单击"图表工具 格式"选项卡上"形状样式"组中的"形状填充"按钮右侧的三角按钮，在展开的列表中选择"红色"，如图 4-95 左图和中图所示，效果如图 4-95 右图所示。

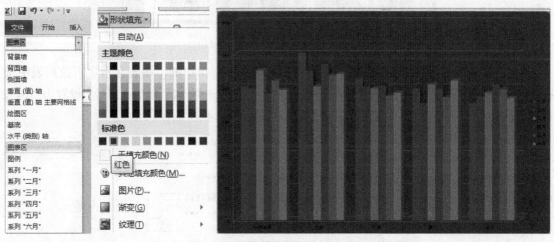

图 4-95　设置图表区的填充颜色

7. 在"图表工具 格式"选项卡上"当前所选内容"组中的"图表元素"下拉列表中选择"绘图区"，然后在"形状填充"下拉列表中选择"文理"—"羊皮纸"，如图 4-96 左上图和右上图所示，效果如图 4-96 下图所示。

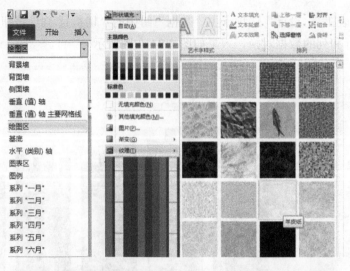

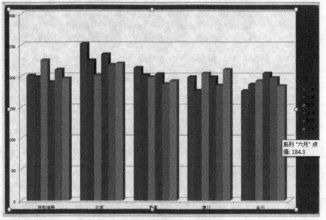

图 4-96　设置绘图区的填充颜色

8．在"图表工具 格式"选项卡上"当前所选内容"组中的"图表元素"下拉列表中选择"水平（类别）轴"，然后在"开始"选项卡的"字体"组中将水平轴的"字号"设置为"14"，"填充颜色"为"浅绿"，如图 4-97 左图所示，效果如图 4-97 右图所示。

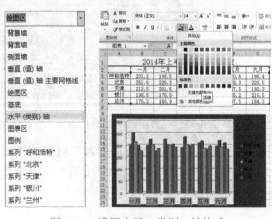

图 4-97　设置水平（类别）轴格式

9．单击选中图表中的"图例"，然后单击"图表工具 格式"选项卡上"形状样式"组中的"其他"按钮，在展开的列表中选择"强烈效果-强烈效果 5"选项，如图 4-98 左图所示，再在"开始"选项卡的"字体"组中将图例区的"字号"设为"14"，并单击"加粗"按钮，效果如图 4-98 右图所示。

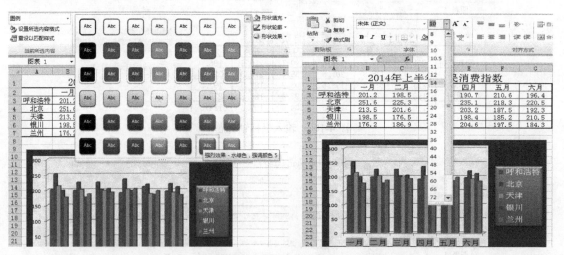

图 4-98　设置图例格式

10．在"图表工具 布局"选项卡中单击"标签"组中的"图表标题"按钮，在展开的列表中选择"图表上方"选项，然后输入图表标题"消费指数表"，如图 4-99 所示。

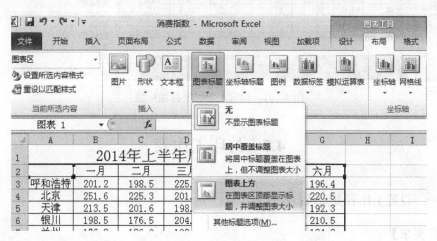

图 4-99　输入图表标题

11．在"图表工具 布局"选项卡中单击"标签"组中的"坐标轴标题"按钮，在展开的列表中选择"主要横坐标轴标题"—"坐标轴下方标题"选项，然后输入标题文字"月份"，选中标题文字，在弹出的浮动工具栏中将"字号"设置为"14"，如图 4-100 所示。

12．在"图表工具 布局"选项卡中单击"标签"组中的"主要纵坐标轴标题"按钮，在展开的列表中选择"主要纵坐标轴标题"—"旋转过的标题"选项，然后输入标题文本"消费指数"；接着选中标题文字，在弹出的浮动工具栏中将"字号"设置为"14"，如图 4-101 所示。

图 4-100　输入坐标轴标题

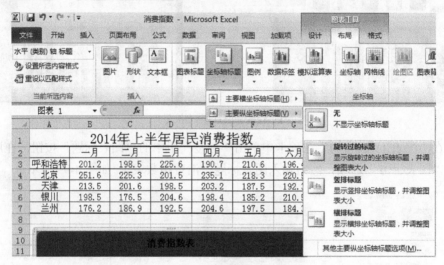

图 4-101　设置主要纵坐标轴标题

4.7　打印工作表

任务一　设置工作表页面及打印选项

【操作要求】

打开本书配套素材"第四章"→"通讯录"工作簿，进行如下操作：

1．页面设置：将纸张大小设置为"B5"，方向设为"横向"；将上、下、左、右页边距均设置为"2"，居中方式设为"水平"和"垂直"。

2．设置页眉/页脚：在页眉中添加"工作通讯录"，居中显示，在页脚中添加系统自带的页脚"第 1 页，共×页"。

3．设置打印区域：将单元格区域 A1:H63 设置为打印的区域。并将第 1 行至第 3 行设置为"顶端标题行"，打印"网格线"。

【操作步骤】

1. 单击"页面布局"选项卡中的"页面设置"组右下角的对话框启动器按钮，打开"页面设置"对话框。

2. 在对话框的"页面"选项卡中将纸张大小设置为"B5"，方向设为"横向"；在"页边距"选项卡中将上、下、左、右页边距均设置为"2"，居中方式设为"水平"和"垂直"，如图 4-102 所示。

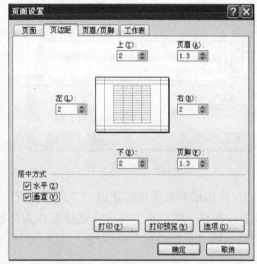

图 4-102　设置纸张大小和页边距

3. 单击"页眉/页脚"选项卡标签，切换到该选项卡，单击"自定义页眉"按钮，打开"页眉"对话框，在"中"编辑框中输入"工作通讯录"文本，如图 4-103 所示。

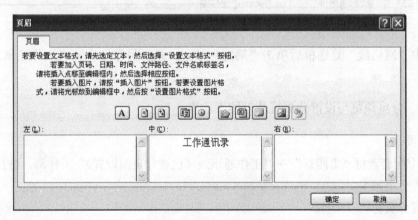

图 4-103　自定义页眉

4. 单击"确定"按钮，返回"页面设置"对话框，可在"页眉"编辑框和页眉列表中看到设置的页眉。

5. 在"页面设置"对话框的"页脚"下拉列表中选择系统自带的页脚，如图 4-104 所示。

6. 单击"页面布局"选项卡中的"页面设置"组中右下角启动器按钮，在弹出的对话框中选择"工资表"选项卡标签，然后再单击"打印区域"编辑框右侧的压缩对话框按钮，在工作表中选择要打印的单元格区域 A1:H63，如图 4-105 所示。

图 4-104　自定义页脚

图 4-105　设置打印区域

7．单击展开对话框按钮返回"页面设置"对话框的"工作表"选项卡。在"顶端标题行"编辑框中单击，然后在工作表中选择要作为标题的第 1 行至第 3 行，如图 4-106 所示，松开鼠标左键返回"页面设置"对话框。

图 4-106　设置打印标题行

8．选中"网格线"复选框后单击"确定"按钮，最后另存工作簿"工作通讯录（已进行页面设置）"。

任务二　分页预览与设置分页符及打印工作表

【操作要求】

打开本书配套素材"第四章"→"工作通讯录（已进行页面设置）"工作簿，进行如下操作：

1．设置分页预览。

2．设置分页符。

3．打印预览与打印。

【操作步骤】

1．继续在设置好页面和打印项的"工作通讯录"中进行操作。要进入分页预览视图，可以单击"视图"选项卡上"工作簿视图"组中的"分页预览"按钮，或者单击"状态栏"上的"分页预览"按钮，此时工作表将从"普通"视图切换到"分页预览"视图，如图 4-107 所示。

图 4-107　设置分页预览

提示：如果要打印的工作表的内容不止一页，Excel 会自动插入分页符，将工作表分成多页，单击"视图"选项卡上"工作簿视图"组中的"普通"按钮，返回普通视图。

2．要调整分页符的位置，将鼠标指针移动到分页符上，当鼠标指针变成上下或左右双箭头时，按住鼠标左键并拖动。此时鼠标指针变为上下双向箭头形状，如图 4-108 所示。

提示：当系统默认提供的分页符无法满足要求时，我们可手动插入分页符，方法是在要插入水平或垂直分页符位置的下方或右侧选中一行或一列，然后单击"页面布局"选项卡上"页面设置"组中的"分隔符"按钮，在展开的列表中选择"插入分页符"项。此处按 Ctrl+Z 组合键撤消上一步操作。然后选中第 22 行，在"分隔符"列表中选择"插入分页符"项。

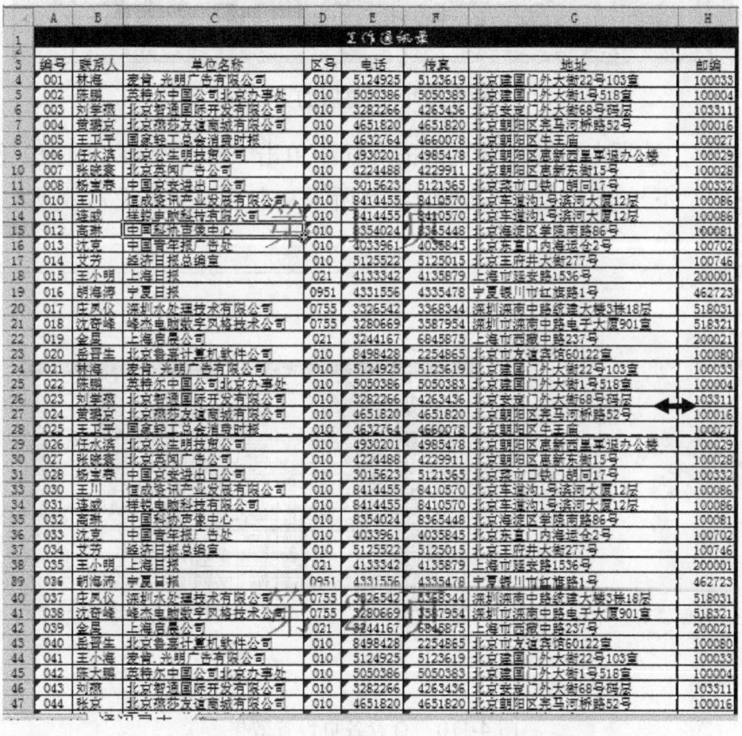

图 4-108　移动鼠标指针到垂直分页符调整分页符位置

3．按下鼠标左键拖动到第 20、40 行下方位置后释放鼠标，将工作表数据平均分配到三页中，再拖动鼠标到 H 列后，从中可以看到，该操作也可以将工作表数据平均分配到三页中。

（如果单击工作表的任意单元格，然后在"分隔符"列表中选择"插入分页符"项，Excel 将同时插入水平分页符和垂直分页符）效果如图 4-109 所示。

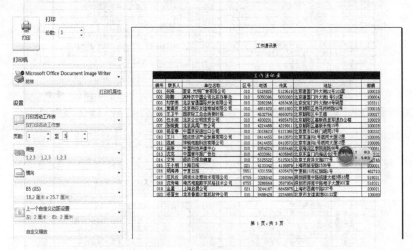

图 4-109　调整后的页面

4．单击"文件"选项卡标签，在展开的界面中单击"打印"项，因为工作表有多页，单击右侧窗格下方的"下一页"按钮，如图 4-110 所示，查看下一页设置效果。

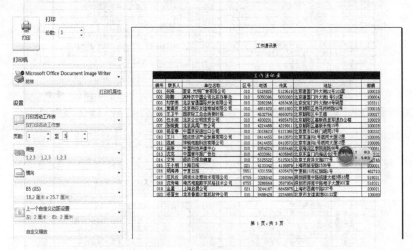

图 4-110　查看各页设置效果

5．在"份数"编辑框中输入 1。在"页数……至……"设置为"1"至"3"，如图 4-110 所示。设置完毕，单击中间窗格的"打印"按钮，按设置打印工作表。

提示：在"设置"区域的"打印活动工作表"下拉列表可选择相应的选项以打印选项的内容，如一个或多个活动工作表或者整个工作簿。如果工作表已经定义了一个打印区域，Excel将只打印这些打印区域。如果不想打印区域，则单击"忽略打印区域"项将其选中。

4.8 数据的保护与共享

任务一 数据的保护

【操作要求】

打开本书配套素材"第四章"→"工资表"工作簿，进行如下操作：

设置数据的保护：为工作表设置保护密码，密码为"20141231"。

【操作步骤】

1. 单击"审阅"选项卡上"更改"组中的"保护工作表"按钮，如图 4-111 所示。

图 4-111 保护工作表

2. 打开"保护工作表"对话框，在"取消工作表保护时使用的密码"编辑框中输入密码"20141231"，并取消所有复选框的选项，如图 4-112 左图所示，然后单击"确定"按钮。

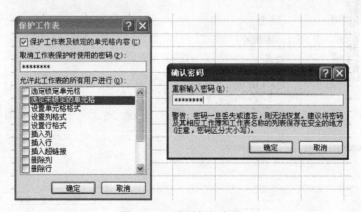

图 4-112 设置保护密码

3．在随后打开的"确认密码"对话框中输入同样的密码，如图 4-112 右图所示，然后单击"确定"按钮。

4．此时只能查看工作表数据，而不能选中其中的单元格。并且"开始"和"插入"等选项卡中的好多按钮都呈灰色，不可操作。

任务二　工作表、单元格内容的隐藏和显示

【操作要求】

打开本书配套素材"第四章"→"工资表"工作簿，进行如下操作：

隐藏工资表数据：将职员工资表的"基本工资"和"薪级工资"所有单元格内容隐藏，然后将"奖金"列隐藏，最后将"实发工资"所在列的公式隐藏。

【操作步骤】

1．选中"基本工资"和"薪级工资"的单元格，如图 4-113 上图所示，然后打开"设置单元格格式"对话框，切换到"数字"选项卡，在对话框左侧的"分类"列表中选择"自定义"项，然后在对话框右侧的"类型"编辑框中输入三个分号（英文状态下输入），如图 4-113 下图所示，然后单击"确定"按钮。

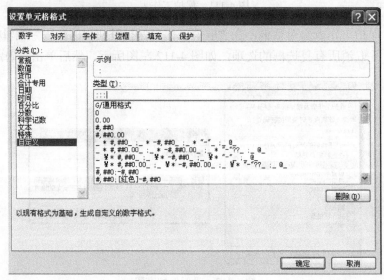

图 4-113　设置隐藏项

2．选中"奖金"所在的 E 列，如图 4-114 所示，然后单击"开始"选项卡上"单元格"组中的"格式"按钮，在展开的列表中选择"隐藏和取消隐藏"—"隐藏列"项，如图 4-114 所示。

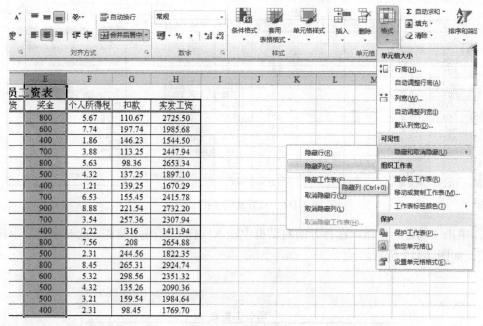

图 4-114　设置隐藏列

3．下面将"实发工资"列公式隐藏。选中要隐藏公式的单元格，如图 4-115 左图所示，从编辑框中可看到计算公式。

4．打开"设置单元格格式"对话框，切换到"保护"选项卡，选中"隐藏"复选框，如图 4-115 右图所示，然后单击"确定"按钮。

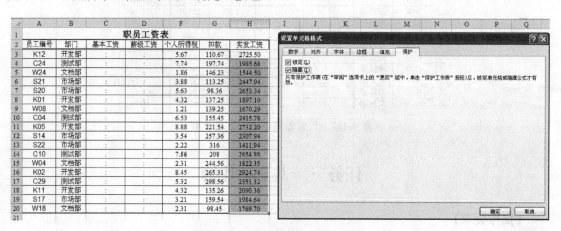

图 4-115　设置隐藏公式单元格

5．单击"审阅"选项卡上"更改"组中的"保护工作表"按钮，打开"保护工作表"对话框，输入保护密码，此处为"20141231"，其他选项保持不变，如图 4-116 所示。

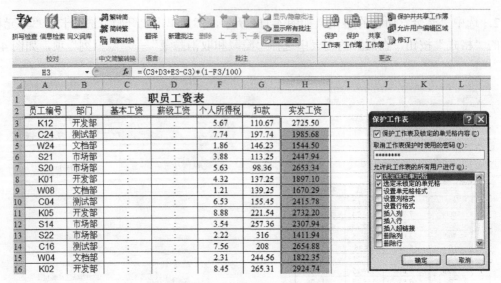

图 4-116　设置密码保护工作表

6．单击"确定"按钮，在打开的对话框中输入同样的密码并确定。此时编辑栏中将不显示公式，如图 4-117 所示。

	员工编号	部门	基本工资	薪级工资	个人所得税	扣款	实发工资
				职员工资表			
2	员工编号	部门	基本工资	薪级工资	个人所得税	扣款	实发工资
3	K12	开发部	:	:	5.67	110.67	2725.50
4	C24	测试部	:	:	7.74	197.74	1985.68
5	W24	文档部	:	:	1.86	146.23	1544.50
6	S21	市场部	:	:	3.88	113.25	2447.94
7	S20	市场部	:	:	5.63	98.36	2653.34
8	K01	开发部	:	:	4.32	137.25	1897.10
9	W08	文档部	:	:	1.21	139.25	1670.29
10	C04	测试部	:	:	6.53	155.45	2415.78
11	K05	开发部	:	:	8.88	221.54	2732.20
12	S14	市场部	:	:	3.54	257.36	2307.94
13	S22	市场部	:	:	2.22	316	1411.94
14	C16	测试部	:	:	7.56	208	2654.88
15	W04	文档部	:	:	2.31	244.56	1822.35
16	K02	开发部	:	:	8.45	265.31	2924.74
17	C29	测试部	:	:	5.32	298.56	2351.32
18	K11	开发部	:	:	4.32	135.26	2090.36
19	S17	市场部	:	:	3.21	159.54	1984.64
20	W18	文档部	:	:	2.31	98.45	1769.70

图 4-117　设置隐藏后的工作表效果

任务三　共享工作簿

【操作要求】

打开本书配套素材"第四章"→"硬件销售表"工作簿，进行如下操作：

1．将工作簿共享。

2．编辑共享工作簿：修改"基本工资"。

3．拒绝或接受工作簿修订操作。

4．取消工作簿的共享状态。

【操作步骤】

1．将工作簿共享

（1）打开要设置为共享的工作表 Sheet1，单击"审阅"选项卡上"更改"组中的"共享工作簿"按钮，如图 4-118 左图所示。

（2）打开"共享工作簿"对话框，在"编辑"选项卡选中"允许多用户同时编辑，同时允许工作簿合并"复选框，如图 4-118 右图所示。

图 4-118 设置"共享工作簿"

（3）切换到"高级"选项卡，确保"保存文件时"单选钮处于选中状态，如图 4-119 左图所示，表示在用户保存工作簿时会更新其他用户对此工作簿进行的编辑操作。

（4）单击"确定"按钮返回工作簿，此时将打开一个提示对话框，提示是否保存此操作，如图 4-119 右上图所示。

（5）单击"确定"按钮，完成共享工作簿的设置操作，此时可看到工作簿名称的右侧显示"共享"二字，如图 4-119 右下图所示，表示已经共享。

图 4-119 设置共享选项及提示对话框

（6）最后将该工作簿放到网络上的共享文件夹中。

2．编辑共享工作簿

（1）在共享工作簿"硬件销售表"中输入"总计"数据。

（2）当其中任何一个用户对此工作簿进行操作并保存时，会弹出的提示对话框，提示工作表已用其他用户保存的更改进行了更新，并突出显示编辑过的单元格。

（3）单击"确定"按钮保存工作簿，此时就可以看到其他部门负责人输入的销售数据。将鼠标指针移动到已编辑的单元格上，此时会出现一个提示框，显示出此单元格的变化情况。

提示：工作簿共享后，将无法进行下列操作：合并单元格，使用条件格式，设置数据有效性，插入图表、图片、对象（包括图形对象）、超链接、方案，使用分类汇总、数据透视表，设置工作簿和工作表保护。

3．拒绝或接受工作簿修订操作

（1）单击"审阅"选项卡上"更改"组中的"修订"按钮，在展开的列表中选择"拒绝或接受修订"项，如图 4-120 所示。

图 4-120　选择"拒绝或接受修订"项

提示：若要突出显示修订信息，可在列表中选择"突出显示修订"项，然后在打开的对话框中进行设置即可。

（2）打开"接受或拒绝修订"对话框，如图 4-121 所示，在此可选择需接受或拒绝修订得信息。

图 4-121　"接受或拒绝修订"对话框

（3）若要指定修订时间，可选中"时间"复选框，然后在其右侧的下拉列表中选择修订的时间，如图 4-122 左图所示。

（4）若要指定修订者，可选中"修订人"复选框，然后在其右侧的下拉列表中选择修订者，如图 4-122 右图所示。

（5）若要指定修订的区域，可选中"位置"复选框，然后单击该编辑框右侧的压缩对话框按钮，在工作表中选中单元格区域，最后单击展开对话框按钮返回"接受或拒绝修订"对话框。

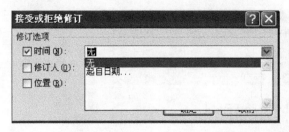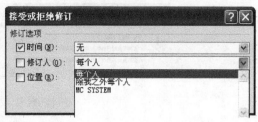

图 4-122　设置修订选项

（6）设置完毕单击"确定"按钮，打开"接受或拒绝修订"对话框，如图 4-123 所示，在列表框中显示了要接受或拒绝的信息。

图 4-123　对具体的修订信息进行确定

（7）单击"接受"或"拒绝"按钮，可接受或拒绝修订。

（8）单击"全部接受"按钮可一次接受所有修订；单击"全部拒绝"按钮可一次拒绝所有修订。最后单击"关闭"按钮关闭对话框。

提示：如果对工作簿所做的修订不止一个，当单击"接受"按钮后，会继续询问下一个修订将做如何操作，直至所有操作确认完毕。单击"接受"或"全部接受"按钮后，工作表数据会自动刷新。

4．取消工作簿的共享状态

（1）单击共享工作簿中"审阅"选项卡上"更改"组中的"共享工作簿"按钮，打开"共享工作簿"对话框。

（2）确认自己是在"正在使用本工作簿的用户"框中的唯一的用户，如果还有其他用户，他们都将丢失未保存的编辑信息。

（3）取消"允许多用户同时编辑，同时允许工作簿合并"复选框，如图 4-124 所示，然后单击"确定"按钮即可。

（4）在打开的提示对话框中单击"是"按钮，如图 4-125 上图所示。取消工作簿共享后，其标题栏中的"共享"字样将消失，如图 4-125 下图所示。

图 4-124　取消"允许多用户同时编辑，同时允许工作簿合并"复选框

图 4-125 取消工作簿共享状态

4.9 综合操作

任务一 按要求完成相关操作

【操作要求】

1. 启动 Excel，新建工作簿文件并保存，文件名为"职工档案.xls"，在 Sheet1 工作表中，从 B2 单元格起，建立如图 4-126 所示的工作表。

职工档案						
部门	序号	姓名	出生年月	性别	职称	工资
基础部	1	张明	1960-5-12	男	高级	1830
建筑部	2	孙亮	1971-6-4	男	中级	1420
经济部	3	谢雅萍	1962-4-13	女	高级	1780
机械部	4	张欣	1978-5-6	女	初级	1250
汽修部	5	张俊	1980-3-16	男	初级	1130
计算机部	6	吴晓云	1976-11-5	女	中级	1280
基础部	7	方云	1977-8-23	女	初级	1265
基础部	8	王胜利	1975-9-11	男	中级	1300
建筑部	9	李明华	1969-6-25	女	高级	1600
经济部	10	张茗	1968-7-30	女	高级	1620
经济部	11	刘荣欣	1965-7-15	男	高级	1690
计算机部	12	程文丽	1980-8-16	女	初级	1140

图 4-126 工作表

2. 设置工作表格式化及操作工作表（根据要求设置，结果如【样文 4-9】所示）。

【样文 4-9】

（1）标题：字体为"黑体"，字号为"20"，字形要"加粗、倾斜"，字的颜色为"蓝色"，底纹填充"浅黄色"，跨列居中。

（2）表头（指"部门"一行）：字体为"隶书"，字号为"14"，底纹填充"茶色"，水平居中。

（3）第一列（指"基础部"一列）：字体为"楷体"，字号为"12"，底纹填充"浅绿色"，水平居中。

（4）数据区域：水平居中，填充"灰色25%"，"工资"列的数字格式设为"会计专用"，小数点位数为"0"，使用货币符号。

（5）列宽：设置"性别"和"序号"两列列宽为"6"。

（6）在Sheet1工作表重命名"职工情况表"。

（7）在Sheet3前插入四张工作表，并通过移动工作表，按照顺序排列，将"职工情况表"复制到每个工作表（从A1单元格起）。

3．公式计算：在I2单元格中输入"人数"，并在I3单元格中利用统计函数将统计出职工档案人数。

4．数据处理。

（1）数据排序：打开Sheet1工作表，将Sheet1工作表中的数据以"出生时间"为关键字，以"递增"方式排序。

（2）数据筛选：打开Sheet2工作表，筛选出性别为"男"的数据。

（3）高级筛选：打开Sheet3工作表，利用高级筛选，筛选出"职称"为高级或中级的数据，结果放在从A18单元格开始的区域。

（4）数据合并计算：打开Sheet4工作表，删除"序号"～"职称"5列数据，将工作表中的标题和表头数据复制到E1～F2区域，并对工作表中的工资数据进行"求和"合并计算。结果放在E3单元格开始的区域。

（5）分类汇总：打开Sheet5工作表，先以"部门"为关键字，按"递增"方式排序，再以"部门"为分类字段，将"工资"进行"均值"分类汇总。

（6）建立数据透视表：打开Sheet6工作表，使用其中的数据，以"职称"为分页，以"姓名"为列字段，以"工资"为均值项，建立数据透视表，数据透视表显示在新建工作表中，并筛选出"职称"为"高级"的数据。

【操作步骤】

1．启动Excel 2010，新建一个空白工作簿，并在"文件"中打开的"保存"对话框以"职工档案"为名保存。单击B2单元格，输入"职工档案"文本，依次在工作表的其他单元格（可使用方向键切换单元格）中输入数据。

2．设置工作表格式化及操作工作表。

（1）将B2:H2单元格选中，在"开始"选项卡下"字体"组中将"字体"设置为"黑体"，"字号"为"20"，"字形"为"加粗""倾斜"，"字体颜色"设置为"蓝色"，"颜色填充"中选择"浅黄色"，之后在"对齐方式"组中单击"合并后居中"后的倒三角，选择"跨列合并"。

（2）将B3:H3单元格选中，在"开始"选项卡下"字体"组中将"字体"设置为"隶书"，

"字号"为"14","颜色填充"中选择"茶色",之后在"对齐方式"组中单击"居中"。

（3）将 B4:B15 单元格选中,在"开始"选项卡下"字体"组中将"字体"设置为"楷体","字号"为"12","颜色填充"中选择"浅绿色",之后在"对齐方式"组中单击"居中"。

（4）将 B4:H15 单元格选中,单击"开始"选项卡下"字体"组中的"其他边框"的倒三角选择"其他边框",在打开的"设置单元格格式"的对话框中选择"填充"选项卡,在"图案样式"的下拉列表中选择"25%灰色",如图 4-127 所示,之后单击"确定"按钮即可。最后在"开始"的"对齐方式"组中单击"居中"。

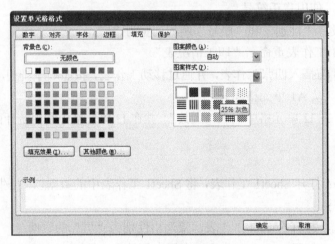

图 4-127　设置单元格图案样式

（5）将 H4:H15 选中后右击在出现的菜单中选择"设置单元格格式",如图 4-128 左图所示,在弹出的"设置单元格格式"的对话框中选择"数字"选项卡,在"分类"中选择"会计专用",在"小数位数"中将值设置为"0",如图 4-128 右图所示,最后单击"确定"按钮即可。

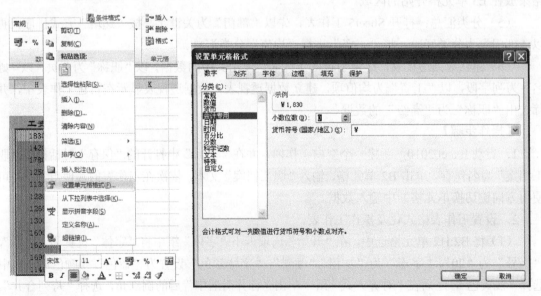

图 4-128　设置单元格会计专用格式

（6）将 C、D 两列选中，单击"开始"选项卡下"单元格"组中的"格式"的倒三角，选择"列宽"，在弹出的"列宽"对话框中输入"6"，单击"确定"按钮即可，如图 4-129 所示。

图 4-129　设置列宽

（7）右击 Sheet1 工作表标签，在出现的菜单中选择"重命名"，之后输入"职工情况表"，然后右击 Sheet3 工作表标签，在出现的菜单中选择"插入"，如图 4-130 左图所示，弹出"插入"对话框，在"常用"选项卡中选择"工作表"，如图 4-130 右图所示，最后单击"确定"按钮即可。按上述方式再次插入四个空白工作表，之后用鼠标左键拖动工作表移动的方式进行排列。完成之后单击"职工情况表"标签，将"职工情况表"中 B2:H15 单元格选中并进行"复制"后分别"粘贴"到 Sheet2 至 Sheet6 工作表中（从 A1 单元格起）。

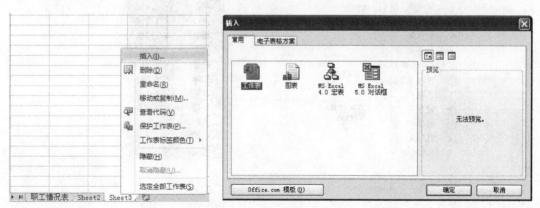

图 4-130　插入新工作表

3．公式计算：在"职工情况表"中选择 I2 单元格输入"人数"，在 I3 单元格中输入公式"=COUNT(C4:C15)"，如图 4-131 所示。

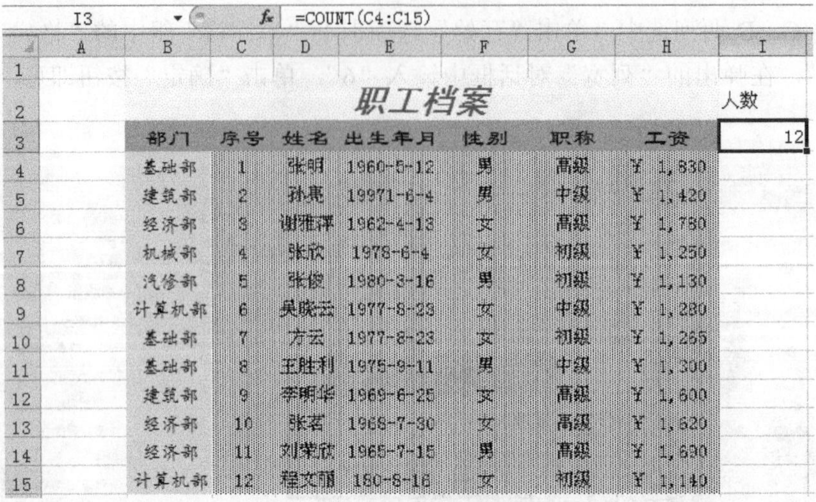

图 4-131　COUNT 函数的输入

4．数据处理。

（1）数据排序：打开 Sheet1 工作表，单击"出生时间"一列中的任意一个单元格，然后单击"数据"选项卡上的"排序与筛选"组中的"升序"按钮即可。

（2）数据筛选：打开 Sheet2 工作表，单击任意一个非空单元格，选择"数据"选项卡上的"排序与筛选"组中的"筛选"按钮。此时，在每个工作表标题中的每一个单元格右侧都出现筛选箭头，单击"性别"右侧的筛选箭头，在展开的列表中取消不需要显示的记录左侧的复选框，只勾选需要显示的为"男"的数据记录，如图 4-132 所示，最后单击"确定"按钮即可。

图 4-132　数据筛选

（3）高级筛选：打开 Sheet3 工作表，在空白单元格中输入高级筛选的条件，如图 4-133 所示，完成后选择"数据"选项卡上的"排序与筛选"组中的"高级"按钮，打开"高级筛选"对话框，如图 4-134 所示在"方式"中选择"将筛选结果复制到其他位置"，在"列表区域"右侧单击压缩对话框按钮选择 A2:G14，"条件区域"右侧单击压缩对话框按钮选择 I2:I4，"复制到"右侧单击压缩对话框按钮选择 A18 单元格，最后单击"确定"按钮即可。

	A	B	C	D	E	F	G	H	I	J
1				职工档案						
2	部门	序号	姓名	出生年月	性别	职称	工资		职称	
3	基础部	1	张明	1960-5-12	男	高级	￥ 1,830		高级	
4	建筑部	2	孙禹	19971-6-4	男	中级	￥ 1,420		中级	
5	经济部	3	谢雅泽	1962-4-13	女	高级	￥ 1,780			
6	机械部	4	张欣	1978-6-4	女	初级	￥ 1,250			
7	汽修部	5	张俊	1980-3-16	男	初级	￥ 1,130			
8	计算机部	6	吴晓云	1977-8-23	女	中级	￥ 1,280			
9	基础部	7	方芸	1977-8-23	女	初级	￥ 1,265			
10	基础部	8	王胜利	1975-9-11	男	中级	￥ 1,300			
11	建筑部	9	李明华	1969-6-25	女	高级	￥ 1,600			
12	经济部	10	张蕊	1968-7-30	女	高级	￥ 1,620			
13	经济部	11	刘荣欣	1965-7-15	男	高级	￥ 1,690			
14	计算机部	12	程文丽	180-8-16	女	初级	￥ 1,140			

图 4-133 建立筛选条件

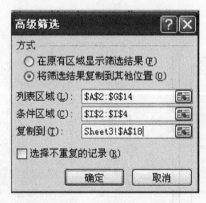

图 4-134 高级筛选对话框

（4）数据合并计算：打开 Sheet4 工作表，选择 B2:F14 后右击在弹出的快捷菜单中选择"删除"，删除了"序号"～"职称"5 列数据，再将工作表中的标题和表头数据复制到 E1～F2 区域后选中 E3 单元格，选择"数据"选项卡上的"数据工具"组中的"合并计算"按钮。在弹出的"合并计算"的对话框中选择"求和"函数，然后在"引用位置"编辑框中单击压缩对话框按钮，选择工作表中要进行合并计算的单元格区域 A3:B14，然后释放鼠标左键返回"合并计算"对话框，并在"引用位置"编辑框中显示选择的单元格区域，单击"添加"按钮将其添加到"所有引用位置"列表中，在"标签位置"选择复选框"最左列"，如图 4-135 所示，然后单击"确定"按钮。

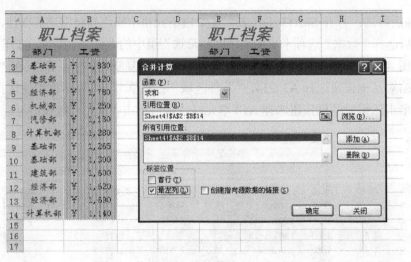

图 4-135　合并计算

（5）分类汇总：打开 Sheet5 工作表，选择"部门"一列中选择任意一个单元格后，单击"数据"选项卡上的"排序与筛选"组中的"升序"按钮。然后选择"分级显示"组中"分类汇总"，打开"分类汇总"对话框，在分类字段下拉列表选择要进行分类汇总的列标题"部门"；在"汇总方式"下拉列表选择汇总方式"均值"；在"选定汇总项"列表中选择需要进行汇总的列标题"工资"，如图 4-136 左图所示，设置完毕单击"确定"按钮，结果如图 4-136 右图所示。

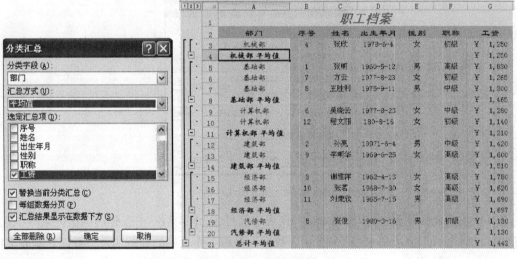

图 4-136　分类汇总

（6）建立数据透视表：打开 Sheet6 工作表，单击工作表中的任意非空单元格，然后单击"插入"选项卡上"表格"组中的"数据透视表"按钮，在展开的列表中选择"数据透视表"项，打开"创建数据透视表"对话框。"表/区域"编辑框中自动显示工作表名称和单元格区域的引用。如果显示的单元格引用区域不正确，可以单击右侧的压缩对话框按钮，然后在工作表中重新选择，保持"新工作表"单选钮的选中，表示将数据透视表放置新工作表中，如图 4-137

所示。在"数据透视表字段列表"窗格中将所需字段拖到相应位置：将"职称"字段拖到"报表筛选"区域，将"姓名"拖到"列标签"区域，"工资"字段拖到"数值"区域选"平均值项"，如图 4-138 左图所示，然后在数据透视表外单击，即可创建好数据透视表，效果如图 4-138 右图所示。

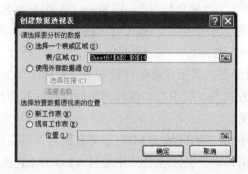

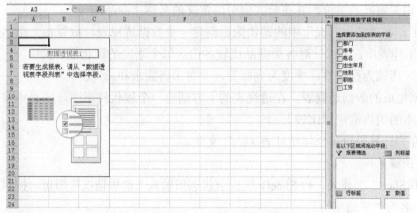

图 4-137　创建数据透视表

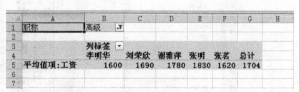

图 4-138　数据透视表字段列表

任务二　按要求完成相关操作

【操作要求】

打开本书配套素材"第四章"→"计算机设备全年统计表"。

1．将 Sheet1 工作表命名为"销售情况"，将 Sheet2 工作表命名为"平均单价"。

2．在"店铺"列左侧插入一个空行，输入列标题为"序号"，并以 001、002、003……的方式向下填充该列到最后一个数据行。

3．将工作表标题跨列合并后居中并将字体设置为"黑体""12 号""蓝色"。表的行高为 15，列宽为 10，设置对齐方式为"居中"并将销售额数据列的数值格式（保留 2 位小数），并为数据区域增加单线边框线。

4．将工作表"平均单价"中的区域 B3:C7 定义名称为"商品均价"。运用公式计算工作表"销售情况"中 F 列的销售额，要求在公式中通过 VLOOKUP 函数自动在工作表"平均单价"中查找相关商品的单价，并在公式中引用定义的名称"商品均价"。

5．为工作表"销售情况"中的销售数据创建一个数据透视表，放置在一个名为"数据透视分析"的工作表中，要求针对各类商品比较各门店每个季度的销售额。其中，商品名称为报表筛选字段，店铺为行标签，季度为列标签，并对销售额求和。

6．根据生成的数据透视表，在透视表的下方创建一个簇状柱形图，图表中仅对各门店四个季度笔记本的销售额进行比较。

7．保存"计算机设备全年统计表.xlsx"文件。

【操作步骤】

1．双击 Sheet1 工作表，待 Sheet1 呈选中状态后输入"销售情况"即可，按照同样的方式将 Sheet2 命名为"平均单价"。

2．选中"店铺"所在的列，单击鼠标右键，在弹出的列表中选择"插入"选项，如图 4-139 左图所示，随即在左侧插入一列，如图 4-139 右图所示。在 A3 单元格输入"序号"二字。选择 A 列单元格，单击"开始"选项卡"数字"组的对话框启动器按钮，弹出"设置单元格格式"对话框，在"数字"选项卡的"分类"中选择"文本"，如图 4-140 所示，单击"确定"按钮。在 A4 单元格输入"001"，在 A5 单元格输入"002"。选择 A4、A5 两个单元格，拖动右下角的填充柄到最后一个数据行。

图 4-139　插入列

3．表格的格式设置：

（1）选中 A1:F1 单元格，单击"开始"选项卡"对齐方式"组中的"合并后居中"按钮，即可一次完成合并、居中两个操作。

（2）选中合并后的单元格，调整字体为"黑体""12 号""蓝色"。

（3）选中 A1:F83 单元格，在"开始"选项卡下的单元格组中，单击"格式"下拉列表，选择"行高"和"列宽"命令，在对话框中输入数值即可。

（4）选中 A1:F83 单元格，在"开始"选项卡下"对齐方式"组中改变为"居中"的对齐方式。

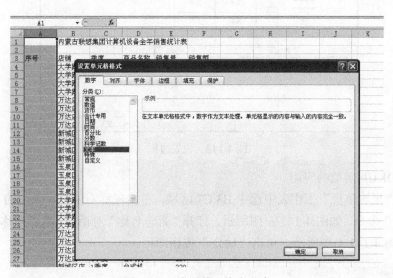

图 4-140　设置单元格为文本

（5）选择销售额列即 F 列，单击"开始"选项卡"数字"组的对话框启动器按钮。弹出"设置单元格格式"对话框，在"数字"选项卡"分类"列表框中选择"数值"选项，在右侧的"示例"组中"小数位数"微调框中输入"2"，如图 4-141 所示，设置完毕后单击"确定"按钮即可。

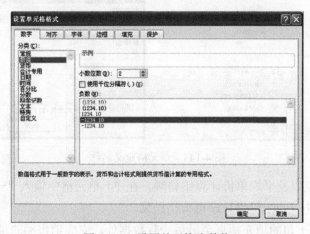

图 4-141　设置单元格为数值

（6）选中 A1:F83 单元格，单击"开始"选项卡"数字"组的对话框启动器按钮。弹出"设置单元格格式"对话框，切换到"边框"选项卡，在"线条"的"样式"中选择"单线"，再分别选择"预置"中的"外边框"和"内部"，如图 4-142 所示，单击"确定"按钮。

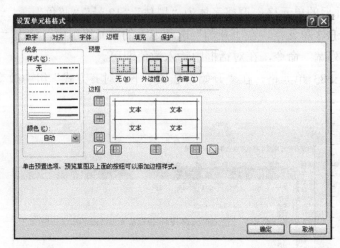

图 4-142　设置边框

4．VLOOKUP 函数的应用：

（1）在"平均单价"工作表中选中 B3:C7 区域，单击鼠标右键，在弹出的下拉列表中选择"定义名称"命令，如图 4-143 左图所示，打开"新建名称"对话框。在"名称"中输入"商品均价"，如图 4-143 右图所示，单击"确定"按钮即可。

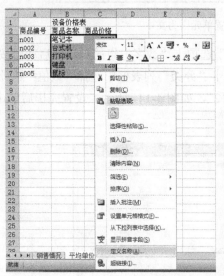
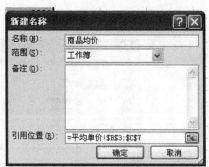

图 4-143　单元格定义名称

（2）根据销售量以及平均单价计算销售额。在 F4 单元格中输入"=VLOOKUP(D4,商品均价,2,0)*E4"，然后按 Enter 键确认即可得出结果。

（3）拖动 F4 右下角的填充柄直至最后一行数据处，完成销售额的填充。

说明：VLOOKUP 是一个查找函数，给定一个查找的目标，它就能从指定的查找区域中查找并返回想要查找到的值。本题可先在 VLOOKUP 函数的"函数参数"对话框输入相应参数，单击"确定"按钮，得到的结果再乘以销售量 E4。

5．数据透视表的操作：

（1）在工作表"销售情况"中将光标置入任意一个数据单元格中，在"插入"选项卡"表格"组中单击"数据透视表"按钮。在展开的列表中选择"数据透视表"按钮，如图 4-144 所示。

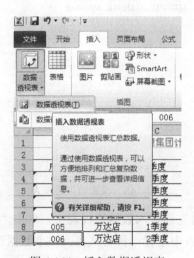

图 4-144　插入数据透视表

（2）启动创建数据透视表选项卡。在"选择一个表或区域"→"表/区域"文本框中已经由系统自动判断、输入了单元格区域，如果其内容不正确可以直接修改或单击文本框右侧的压缩对话框按钮，叠起对话框以便在工作表中手动选取要创建透视表的单元区域。

（3）在"选择放置数据透视表的位置"中选择"新工作表"选项，如图 4-145 所示，单击"确定"按钮。此时会创建一个新工作表，且存放了一个数据透视表，修改新工作表名称为"数据透视分析"。

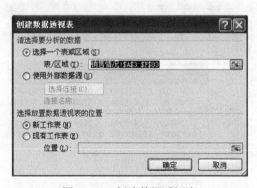

图 4-145　创建数据透视表

（4）在工作表"数据透视分析"右侧出现一个"数据透视表字段列表"任务窗格。在"选择要添加到报表的字段"列表框中选中"商品名称"拖动到"报表筛选"下面，同理拖动"店铺"字段到"行标签"下，拖动"季度"字段到"列标签"下，拖动"销售额"字段到"数值"下，如图 4-146 所示。

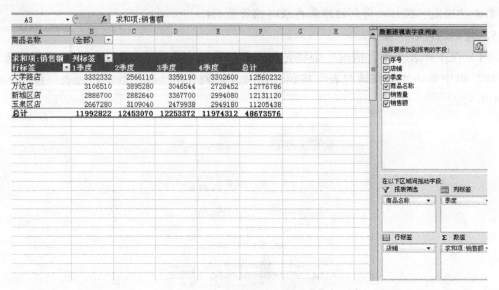

图 4-146　设置数据透视表

（5）修饰数据透视表，将光标置入数据透视表中，单击"数据透视表工具｜设计"选型卡，在"数据透视表样式"列表中选择一种样式更改整个数据透视表的外观。

6. 图表的创建：

（1）在数据透视表中，单击 B1 单元格右侧的下三角按钮，在展开的列表中只选择"笔记本"，如图 4-147 所示，单击"确定"按钮。这样，就只会对笔记本进行销售额统计。

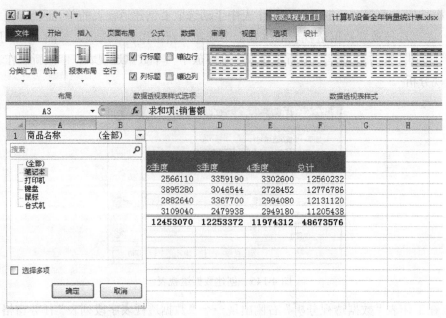

图 4-147　对"笔记本"销售额的统计

（2）单击数据透视表区域中的任意单元格，在"数据透视表工具"的"选项"选项卡下，单击"工具"组中的"数据透视图"按钮，打开"插入图表"对话框，选择"簇状柱形图"如图 4-148 所示。

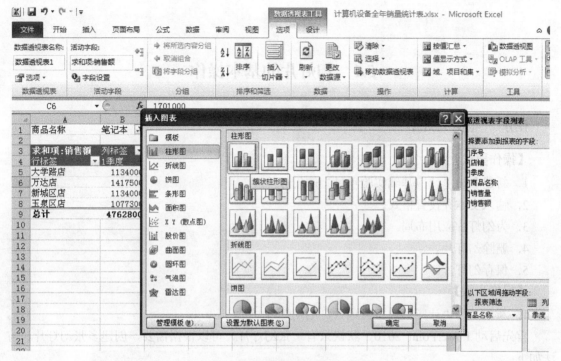

图 4-148　数据透视图创建

（3）单击"确定"按钮后即可插入簇状柱形图，并将该图表移动到透视表的下方。

7.　保存"计算机设备全年销量统计表"文件。

第5章 幻灯片 PowerPoint 2010

5.1 幻灯片的基本操作

任务一 创建幻灯片

【操作要求】

1. 新建名为"计应基础实验项目"的幻灯片。
2. 输入文本并设置格式。
3. 为幻灯片应用布局。
4. 删除幻灯片。
5. 保存幻灯片。

【操作步骤】

1. 新建名为"计应基础实验项目"的幻灯片

首先启动 PowerPoint 2010，默认只有一张幻灯片，可以根据需要，创建多张幻灯片，方法如下：

方法一：单击"开始"选项卡，在"幻灯片"组中单击"新建幻灯片"按钮，如图 5-1 所示，即可直接新建一个幻灯片。

图 5-1 新建幻灯片按钮

方法二：在"幻灯片/大纲"窗格中的"幻灯片"选项卡下的缩略图上或空白位置单击鼠标右键，在弹出的快捷菜单中选择"新建幻灯片"选项。

方法三：使用 Ctrl+M 组合键也可以快速新建幻灯片。

2. 输入文本并设置格式

输入文本：在第一张幻灯片中，如图 5-2 所示，单击"单击此处添加标题"占位符，当占位符中出现光标时，输入"计应基础实验项目"。利用同样的方法，在第二张幻灯片中输入如图 5-7 所示的内容。

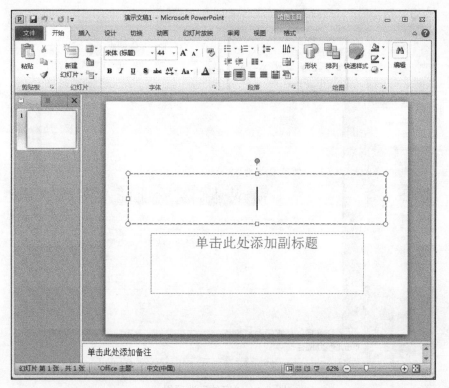

图 5-2　第一张幻灯片窗口

（1）设置字体格式。

方法一：打开第一张幻灯片，选择文字"计应基础实验项目"，单击鼠标右键，在弹出的快捷菜单中选择"字体"菜单命令，弹出"字体"对话框进行设置，如图 5-3 所示。

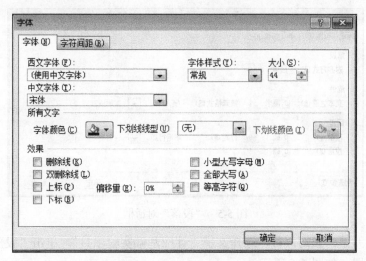

图 5-3　"字体"对话框

方法二：打开第一张幻灯片，选择文字"计应基础实验项目"，单击"字体"选项组中的相应按钮进行设置，如图 5-4 所示。

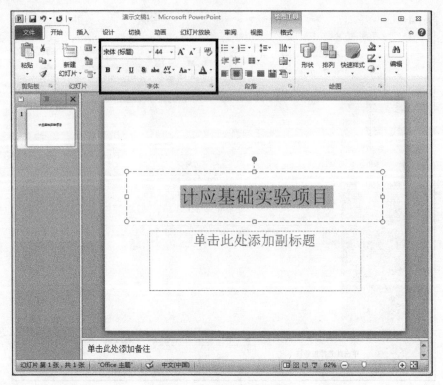

图 5-4 "字体"选项组

（2）设置段落格式。

方法一：打开第一张幻灯片，选择文字"计应基础实验项目"，单击鼠标右键，在弹出的快捷菜单中选择"段落"菜单命令，弹出"段落"对话框进行设置，如图 5-5 所示。

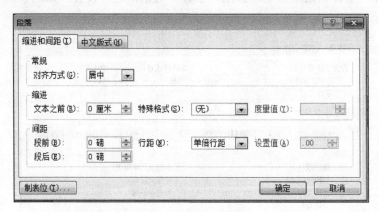

图 5-5 "段落"对话框

方法二：打开第一张幻灯片，选择文字"计应基础实验项目"，单击"段落"选项组中的相应按钮进行设置，如图 5-6 所示。

（3）设置项目符号：打开第二张幻灯片，选择要添加项目符号的文本，单击"开始"选项卡"段落"组中的"项目编号"的下拉按钮，如图 5-7 所示，从弹出的下拉列表中选择需要的项目符号即可。

图 5-6 "段落"选项组

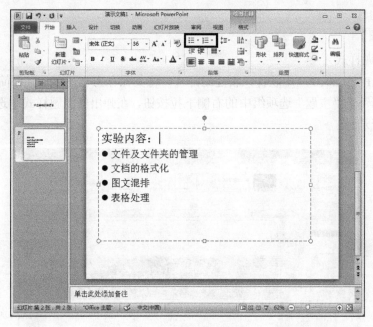

图 5-7 设置项目符号

3．为幻灯片应用布局

方法一：单击"开始"选项卡，在"幻灯片"组中单击"新建幻灯片"按钮，从弹出的下拉菜单中可以选择所要使用的 Office 主题，即可为幻灯片进行布局。

方法二：在"幻灯片/大纲"窗格中的"幻灯片"选项卡下的缩略图上或空白位置单击鼠标右键，在弹出的快捷菜单中选择"版式"选项，从其子菜单中选择要应用的新的布局。

4．删除幻灯片

方法一：在"幻灯片/大纲"窗格中的"幻灯片"选项卡下，在要删的幻灯片的缩略图上单击鼠标右键，在弹出的菜单中选择"删除幻灯片"选项，幻灯片将被删除。

方法二：通过"开始"选项卡的"剪贴板"组中的"剪贴"命令直接完成幻灯片的删除。

5．保存幻灯片

选择"文件"选项卡，在弹出的快捷菜单中选择"保存"按钮，因为是第一次保存幻灯片，此时将打开"另存为"对话框，选择保存位置，输入文件名即可。

任务二　创建图文并茂的幻灯片

【操作要求】

1．应用主题样式。

2．使用艺术字输入标题。

3．输入文本并插入剪贴画。

4．使用形状。

5．创建 SmartArt 图形。

6．创建图表。

7．插入图片。

【操作步骤】

1．应用主题样式

打开 PowerPoint 2010 应用软件，新建幻灯片，将其保存为"计应基础课简介.pptx"，单击"设计"选项卡下的"主题"选项组中的右侧下拉按钮，在弹出的主题样式中选择一种主题样式，如图 5-8 所示。

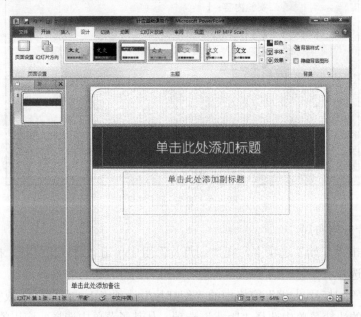

图 5-8　应用主题样式

2. 使用艺术字输入标题

删除文本占位符，单击"插入"选项卡"文本"选项组中的"艺术字"按钮，在弹出的"艺术字"下拉列表中选择"渐变填充-黑色，轮廓-白色，外部阴影"艺术字样式，如图 5-9 所示，在"请在此处放置您的文字"处，如图 5-10 所示，单击输入标题"计应基础课简介"，如图 5-11 所示。

图 5-9　选择艺术字样式

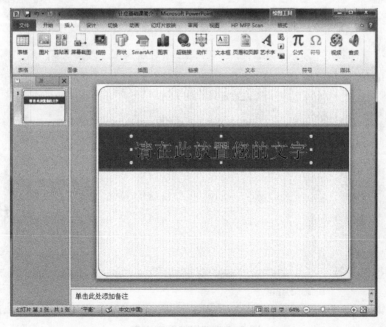

图 5-10　编辑艺术字窗口

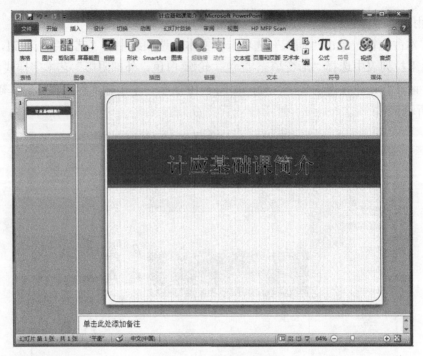

图 5-11　完成艺术字编辑

3．输入文本并插入剪贴画

（1）输入文本：新建样式为"标题和内容"的幻灯片，在"单击此处添加标题"处输入幻灯片标题，在"单击此处添加文本"处输入内容，并设置字体样式和段落样式，如图 5-12 所示。

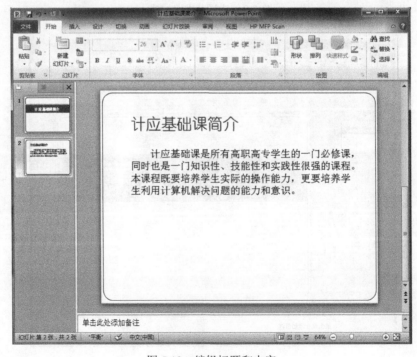

图 5-12　编辑标题和内容

（2）插入剪贴画：单击"插入"选项卡"图像"组中的"剪贴画"按钮，弹出"剪贴画"窗格，如图 5-13 所示，在"搜索文字"文本框中输入"计算机"，然后单击"搜索"按钮，在弹出的剪贴画列表中选择一张剪贴画并双击即可插入，如图 5-14 所示，插入之后调整剪贴画到适当的位置，并关闭"剪贴画"窗格。

图 5-13　"剪贴画"窗格

图 5-14　插入剪贴画

4．使用形状

（1）绘制形状：添加一张空白幻灯片，单击"开始"选项卡"绘图"组中的"形状"按钮，在弹出的菜单中选择"矩形"选项，如图 5-15 所示，此时鼠标指针在幻灯片中的形状显示为"+"，在幻灯片空白位置处单击，按住鼠标左键不放并拖动到适当位置处释放鼠标。重复操作绘制其他形状，如图 5-16 所示。

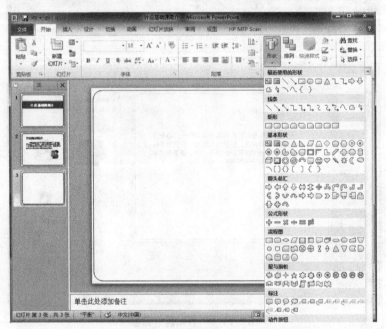

图 5-15　选择"矩形"

图 5-16　绘制"矩形"

（2）排列形状：选择图形后，拖动鼠标适当调整图形的位置，如图 5-17 所示。

图 5-17　排列形状

（3）组合形状：依次选择形状，单击鼠标右键，在弹出的快捷菜单中选择"组合"菜单
命令，如图 5-18 所示，所选中的图形组合成为一个形状，如图 5-19 所示。

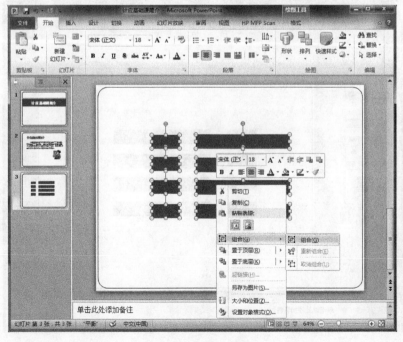

图 5-18　组合形状

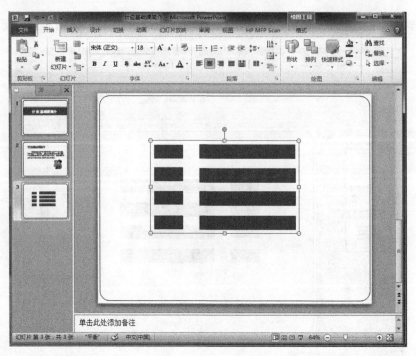

图 5-19　完成组合

（4）在形状中添加文字：选择第 1 个矩形，单击鼠标右键，在弹出的列表中选择"编辑文字"菜单命令，在形状中输入文本内容，使用同样的方法，依次为其他形状输入文字，并设置文字样式，如图 5-20 所示。

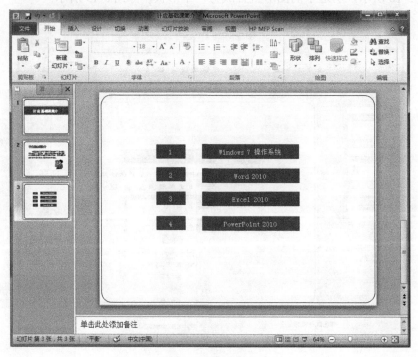

图 5-20　添加文字

5. 创建 SmartArt 图形

（1）插入 SmartArt 图形：添加一张空白幻灯片，单击"插入"选项卡"插图"选项组中的"SmartArt"选项，弹出"选择 SmartArt 图形"对话框，如图 5-21 所示，在左侧选择"列表"选项，在中间列表中选择"水平项目符号列表"，最后单击"确定"按钮，如图 5-22 所示。

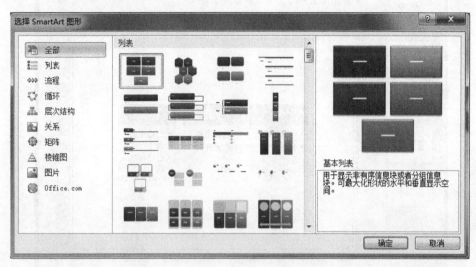

图 5-21　"选择 SmartArt 图形"对话框

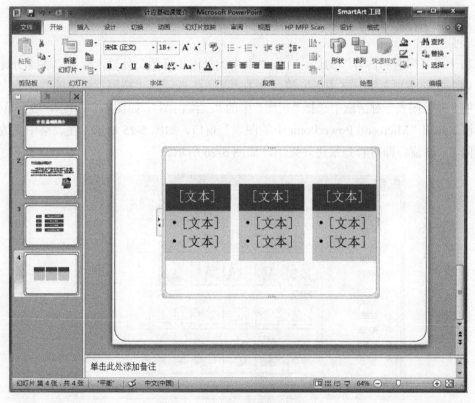

图 5-22　"水平项目符号列表"

（2）输入文字：在文本框中依次输入文字即可，如图 5-23 所示。

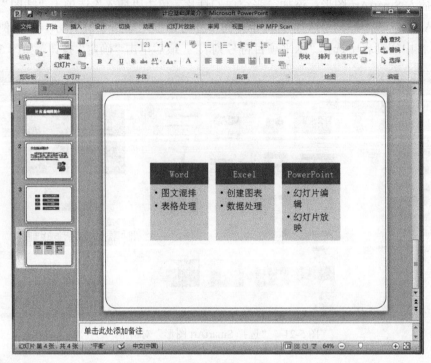

图 5-23　输入文字

6. 创建图表

添加一张"标题和内容"幻灯片，在"单击此处添加标题"处输入标题"各部分比例"，删除"单击此处添加文本"文本占位符，单击"插入"选项卡"插图"组中的"图表"按钮，在弹出的"插入图表"对话框中选择"饼图"中的"三维饼图"，如图 5-24 所示，然后单击"确定"按钮。弹出"Microsoft PowerPoint 中的图表"窗口，如图 5-25 所示，在表格中更改数据，然后关闭 Excel 窗口即可看到最终效果图，如图 5-26 所示。

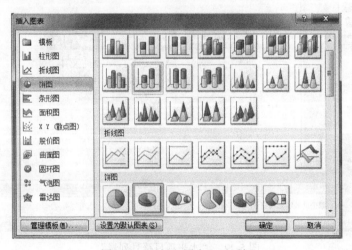

图 5-24　"插入图表"对话框

图 5-25 "Microsoft PowerPoint 中的图表"窗口

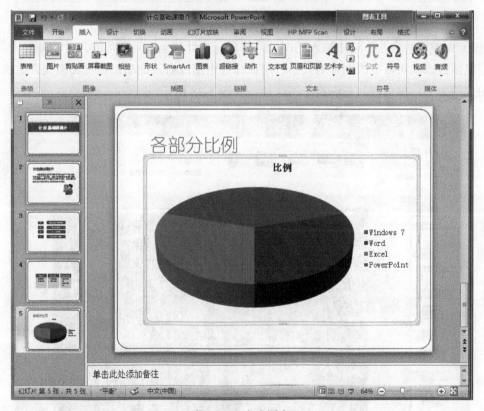

图 5-26 完成图表

7. 插入图片

（1）插入图片。新建一张幻灯片，单击"插入"选项卡"图像"组中的"图片"按钮，弹出"插入图片"对话框，在"查找范围"中选择第五章素材中的"闭幕图.jpg"，单击"插入"按钮即可，如图 5-27 所示。

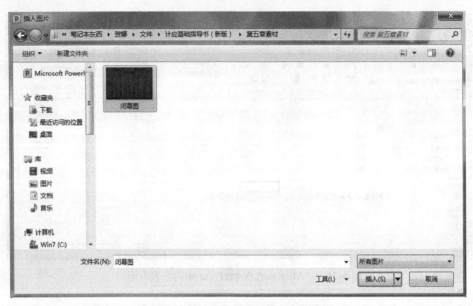

图 5-27 "插入图片"对话框

（2）调整图片大小。选中插入的图片，将鼠标指针移至图片四周的尺寸控制点上，按住鼠标左键拖拽，就可以更改图片的大小。用鼠标选中图片后，拖动鼠标将其拖到合适的位置，调整图片的大小，最后使其充满整个幻灯片，如图 5-28 所示。

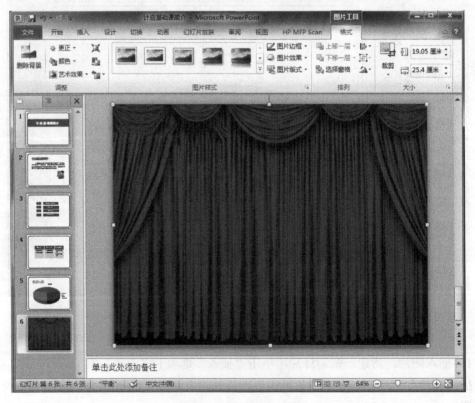

图 5-28 调整图片大小

5.2　幻灯片的高级操作

任务一　为幻灯片添加动画效果

【操作要求】

1．创建动画。

2．设置动画。

3．触发动画。

4．复制动画效果。

5．测试动画。

6．移除动画。

【操作步骤】

打开本书配套素材"第五章素材"→"公司行销企划案.pptx"。

1．创建动画

（1）创建进入动画：打开第一张幻灯片，选择文字"行销企划案"，单击"动画"选项卡"动画"组中的"其他"按钮，如图 5-29 所示，弹出动画下拉列表，在下拉列表的"进入"区域中选择"飞入"选项，如图 5-30 所示。

图 5-29　"动画"选项组

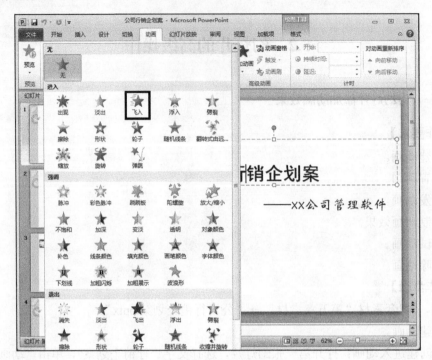

图 5-30　进入选项中选择"飞入"

（2）创建强调动画：打开第一张幻灯片，选择文字"——XX 公司管理软件"，单击"动画"选项卡"动画"组中的"其他"按钮，如图 5-31 所示，弹出动画下拉列表，在下拉列表的"强调"区域中选择"放大/缩小"选项，如图 5-32 所示。

图 5-31　选择文字"——XX 公司管理软件"

图 5-32　强调选项中选择"放大/缩小"

（3）创建路径动画：打开第二张幻灯片，选择如图 5-33 所示的文字，单击"动画"选项卡"动画"组中的"其他"按钮，弹出动画下拉列表，在下拉列表的"动作路径"区域中选择"弧形"选项，如图 5-34 所示。

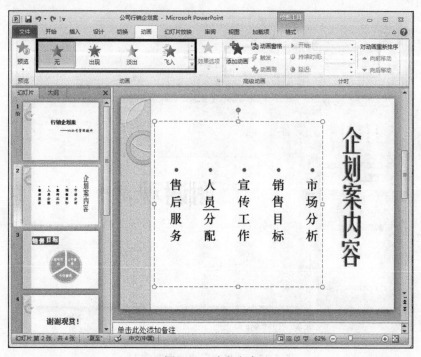

图 5-33　选定文字

图 5-34　动作路径选项中选择"弧形"

2. 创建退出动画

打开第四张幻灯片，选择文字"谢谢观赏"，单击"动画"选项卡"动画"组中的"其他"按钮，如图 5-35 所示，弹出动画下拉列表，在下拉列表的"退出"区域中选择"弹跳"选项，如图 5-36 所示。

图 5-35　选择文字"谢谢观赏"

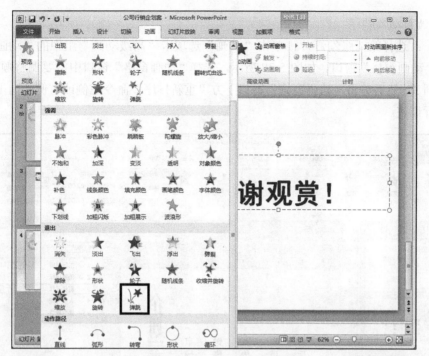

图 5-36　退出选项中选择"弹跳"

3．设置动画

（1）查看动画列表：单击"动画"选项卡"高级动画"组中的"动画窗格"按钮，如图5-37所示，可以在"动画窗格"中查看幻灯片上所有动画的列表。

图 5-37　"动画窗格"按钮

（2）调整动画顺序：

方法一：选择第二张幻灯片，单击"动画"选项卡"高级动画"组中的"动画窗格"按钮，弹出"动画窗格"窗口，如图 5-38 所示，选择"动画窗格"窗口中需要调整顺序的动画，如选择动画 3，然后单击"动画窗格"窗口下方"重新排序"命令左侧或右侧的向上按钮或向下按钮进行调整。

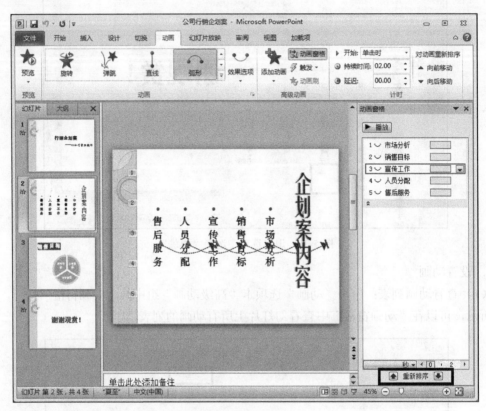

图 5-38 "动画窗格"窗口

方法二：选择第一张幻灯片，并选中标题动画，单击"动画"选项卡"计时"组中"对动画重新排序"区域的"向后移动"按钮，如图 5-39 所示，即可将此动画顺序向前移动一个次序，在"幻灯片"窗格中可以看到此动画前面的编号 2 和前面的编号 1 发生改变。

（3）设置动画时间：选择第二张幻灯片中的弧形动画，在"计时"组中单击"开始"菜单右侧的下拉箭头，然后从弹出的下拉列表中选择所需的计时，在"计时"组中的"持续时间"文本框中输入所需的秒数，或者单击"持续时间"文本框后面的微调按钮来调整动画要运行的持续时间，如图 5-40 所示。

4．触发动画

选择结束幻灯片的动画，单击"动画"选项卡"高级动画"组中的"触发"按钮，在弹出的下拉菜单的"单击"子菜单中选择"副标题 2"选项，创建触发动画后的动画编号变为图标，如图 5-41 所示，在放映幻灯片时，用鼠标指针单击设置过动画的对象后，即可显示动画效果。

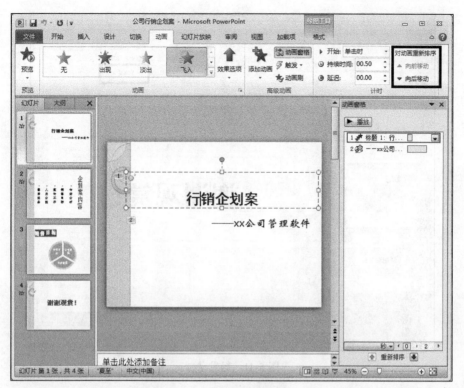

图 5-39 "对动画重新排序"区域

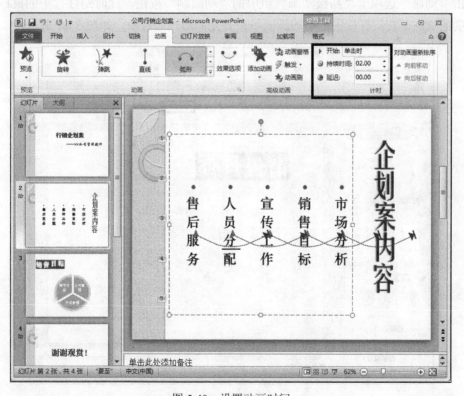

图 5-40 设置动画时间

图 5-41 触发动画

5．复制动画效果

单击"动画"选项卡"高级动画"组中的"动画刷"按钮，此时幻灯片中的鼠标指针变为动画刷的状态，在幻灯片中，用动画刷单击要复制动画的对象，如图 5-42 所示。

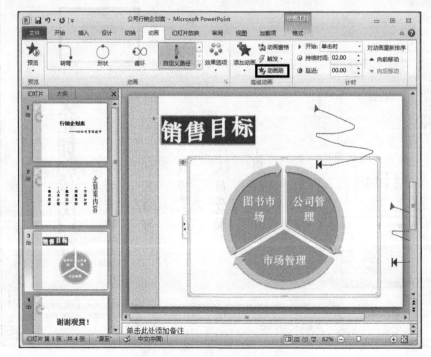

图 5-42 动画刷复制动画对象

6. 测试动画

添加动画效果后，可以单击"动画"选项卡"预览"组中的"预览"按钮，如图 5-43 所示。

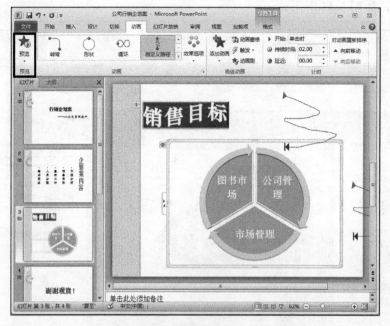

图 5-43　预览动画

7. 移除动画

方法一：单击"动画"选项卡"动画"组中的"其他"按钮，在弹出的下拉列表的"无"区域中选择"无"选项，如图 5-44 所示。

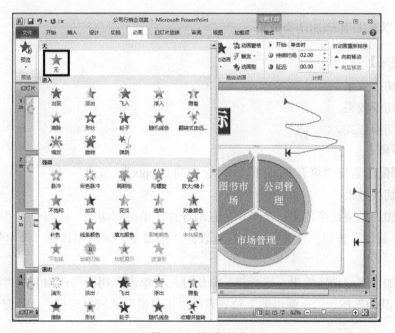

图 5-44　移除动画

　　方法二：单击"动画"选项卡"高级动画"组中的"动画窗格"按钮，在弹出的"动画窗格"中选择要移除动画的选项，然后单击菜单图标（向下箭头），在弹出的下拉列表中选择"删除"选项，如图 5-45 所示。

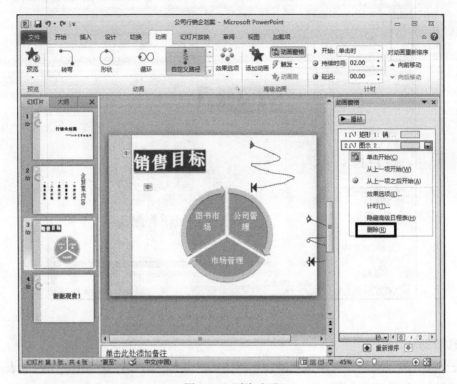

图 5-45　删除动画

任务二　为幻灯片添加切换效果

【操作要求】

1．添加切换效果。

2．设置切换效果。

3．设置切换方式。

【操作步骤】

打开本书配套素材"第五章素材"→"公司简介.pptx"。

1．添加切换效果

（1）添加细微型切换效果：选择第一张幻灯片，单击"切换"选项卡的"切换到此幻灯片"组中的"其他"按钮，在弹出的下拉列表的"细微型"区域中选择"淡出"选项，如图 5-46 所示。

（2）添加华丽型切换效果：选择第二张幻灯片，单击"切换"选项卡的"切换到此幻灯片"组中的"其他"按钮，在弹出的下拉列表的"华丽型"区域中选择"百叶窗"选项，如图 5-47 所示。

图 5-46　添加"淡出"切换效果

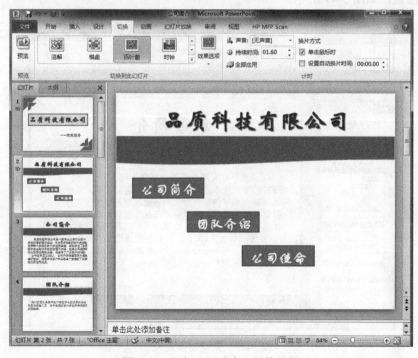

图 5-47　添加"百叶窗"切换效果

　　提示：如果所有的幻灯片要应用相同的切换效果，可以在"切换"选项卡的"计时"组中单击"全部应用"按钮，如图 5-48 所示。

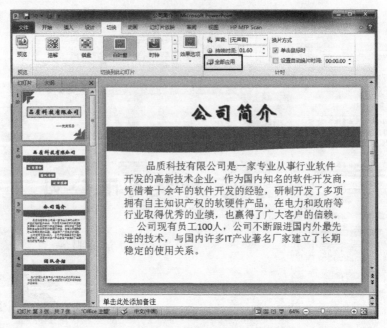

图 5-48　全部应用相同切换效果

（3）预览切换效果：选择设置过切换效果的幻灯片，单击"切换"选项卡的"预览"组中"预览"按钮，如图 5-49 所示。

图 5-49　预览切换效果

2．设置切换效果

（1）为切换效果添加声音：选择第一张幻灯片，单击"切换"选项卡"计时"组中的"声音"按钮，从弹出的下拉列表中选择一种声音效果，如图 5-50 所示。

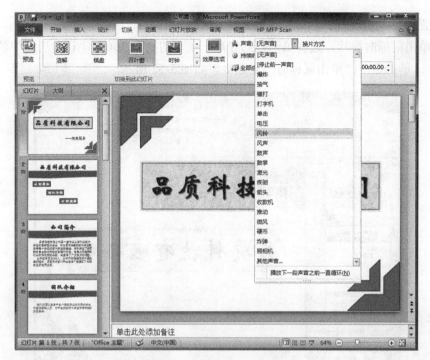

图 5-50　为切换效果添加声音

（2）设置效果的持续时间：选择第二张幻灯片，单击"切换"选项卡"计时"组中的"持续时间"文本框，输入所需的时间，如图 5-51 所示。

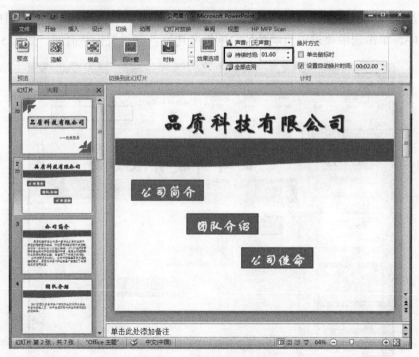

图 5-51　设置效果的持续时间

3．设置切换方式

（1）单击鼠标时换片：选择第一张幻灯片，在"切换"选项卡"计时"组中的"换片方式"区域中，单击选中"单击鼠标时"复选框，如图 5-52 所示。

图 5-52　单击鼠标时换片

（2）设置自动换片时间：选择第二张幻灯片，在"切换"选项卡"计时"组中的"换片方式"区域中，单击选中"设置自动换片时间"复选框，并设置换片时间，如图 5-53 所示。

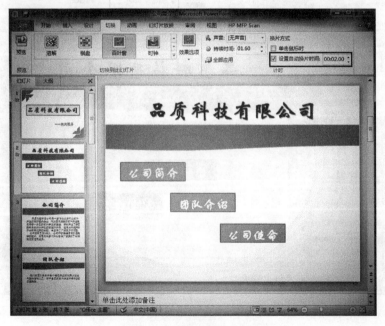

图 5-53　设置自动换片时间

任务三　添加超链接和动作

【操作要求】

1．添加超链接。

2．添加动作。

【操作步骤】

打开本书配套素材"第五章素材"→"公司简介.pptx"。

1．添加超链接

（1）链接到同一演示文稿中的幻灯片：打开第二张幻灯片，选中文字"公司简介"，单击"插入"选项卡"链接"选项组中的"超链接"按钮，如图 5-54 所示，在弹出的"插入超链接"对话框左侧的"链接到"列表框中选择"本文档中的位置"选项，在右侧"请选择文档中的位置"列表中选择"幻灯片标题"下方的"公司简介"选项，单击"确定"按钮，如图 5-55 所示。

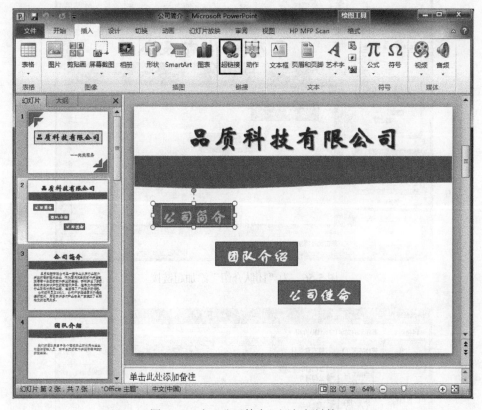

图 5-54　为"公司简介"添加超链接

（2）链接到不同演示文稿中的幻灯片：打开第二张幻灯片，选中文字"团队介绍"，单击"插入"选项卡"链接"选项组中的"超链接"按钮，如图 5-56 所示，在弹出的"插入超链接"对话框左侧的"链接到"列表框中选择"现有文件或网页"选项，选择"团队介绍.docx"文件，单击"确定"按钮，如图 5-57 所示。

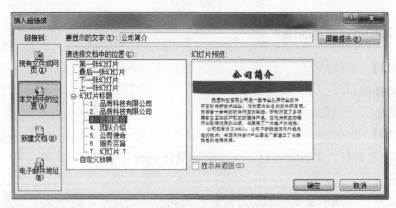

图 5-55　链接到"本文档中的位置"

图 5-56　为"团队介绍"添加超链接

图 5-57　链接到"现有文件或网页"

2．添加动作

（1）添加动作按钮：打开第 3 张幻灯片，单击"插入"选项卡的插图组中"形状"按钮，在弹出的下拉列表中选择"动作按钮"区域的"动作按钮：后退或前一项"图标，如图 5-58 所示，在幻灯片的左下角单击并拖拽到适当位置，如图 5-59 所示，弹出"动作设置"对话框，如图 5-60 所示，选择"单击鼠标"选项卡，在"单击鼠标时的动作"区域中，选择"超链接到"单选按钮，并在其下拉列表中选择"上一张幻灯片"选项，单击"确定"按钮即可。

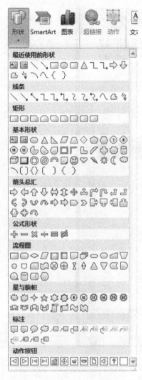

图 5-58　选择动作按钮

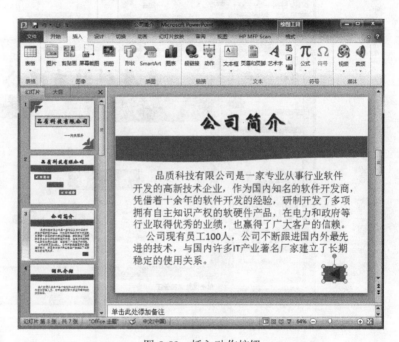

图 5-59　插入动作按钮

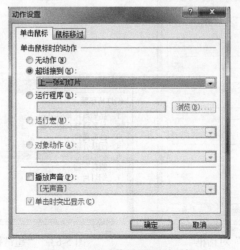

图 5-60　"动作设置"对话框

　　（2）为文本或图形添加动作：打开第二张幻灯片，选中文本"公司使命"，单击"插入"选项卡的"链接"组中"动作"按钮，如图 5-61 所示，在弹出"动作设置"对话框中选择"单击鼠标"选项卡，在"单击鼠标时的动作"区域中，选择"超链接到"单选按钮，并在其下拉列表中选择"幻灯片…"选项，如图 5-62 所示，弹出"超链接到幻灯片"对话框，如图 5-63 所示，在"幻灯片标题"中选择"公司使命"，单击"确定"按钮，返回"动作设置"对话框单击"确定"按钮即可。

图 5-61　为"公司使命"添加动作

图 5-62　"动作设置"对话框

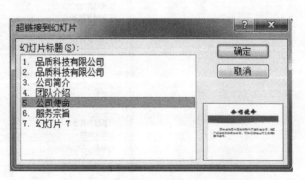

图 5-63　"超链接到幻灯片"对话框

5.3 幻灯片的演示

任务 演示幻灯片

【操作要求】

1. 设置幻灯片放映方式。
2. 开始放映幻灯片。
3. 隐藏幻灯片。
4. 排列计时。
5. 录制幻灯片演示。
6. 添加演讲者备注。

【操作步骤】

打开本书配套素材"第五章素材"→"员工培训.pptx"。

1. 设置幻灯片放映方式

（1）以"演讲者放映"类型放映幻灯片：单击"幻灯片放映"选项卡"设置"组中的"设置幻灯片放映"按钮，如图 5-64 所示，弹出"设置放映方式"对话框，如图 5-65 所示，在"放映类型"区域中单击选中"演讲者放映（全屏幕）"单选项，即可将放映方式设置为演讲者放映方式，在"设置放映方式"对话框的"放映选项"区域勾选"循环放映，按 Ese 键终止"复选框，在"换片方式"区域中勾选"手动"复选框，设置演示过程中换片方式为手动，单击"确定"按钮完成设置，按 F5 快捷键即可进行全屏幕的 PPT 演示。

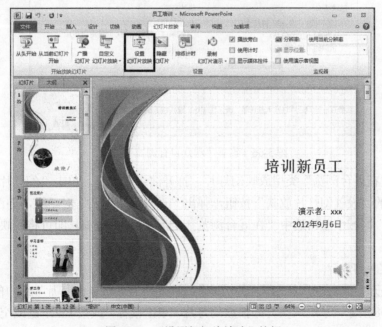

图 5-64 "设置幻灯片放映"按钮

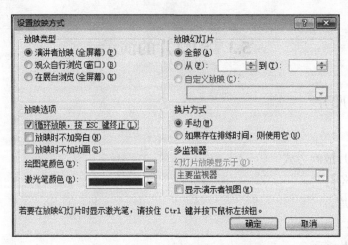

图 5-65　设置"演讲者放映"类型

（2）以"观众自行浏览"类型放映幻灯片：单击"幻灯片放映"选项卡"设置"组中的"设置幻灯片放映"按钮，弹出"设置放映方式"对话框，如图 5-66 所示，在"放映类型"区域中单击选中"观众自行浏览（窗口）"单选项；在"放映幻灯片"区域中单击选中"从…到…"单选项，并在第 2 个文本框中输入"4"，设置从第 1 页到第 4 页的幻灯片放映方式为观众自行浏览，单击"确定"按钮完成设置，按 F5 快捷键进行演示文稿的演示。

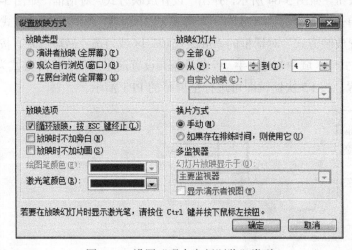

图 5-66　设置"观众自行浏览"类型

（3）以"在展台浏览"类型放映幻灯片：打开演示文稿后，单击"幻灯片放映"选项卡"设置"组中的"设置幻灯片放映"按钮，弹出"设置放映方式"对话框，如图 5-67 所示，在"放映类型"区域中单击选中"在展台浏览（全屏幕）"单选项，即可将放映方式设置为展台浏览。

2．开始放映幻灯片

（1）从头开始放映：单击"幻灯片放映"选项卡"开始放映幻灯片"组中的"从头开始"按钮，如图 5-68 所示，系统从头开始播放幻灯片，单击鼠标，或按 Enter 键或空格键即可切换到下一张幻灯片。

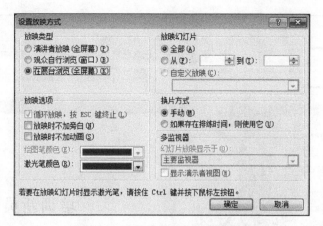

图 5-67　设置"在展台浏览"类型

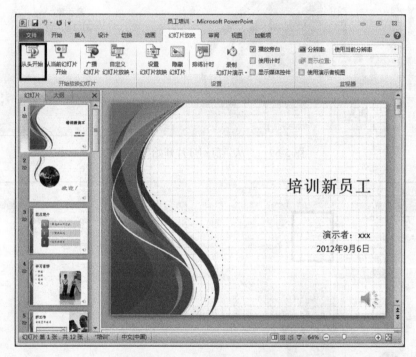

图 5-68　"从头开始"按钮

（2）从当前幻灯片开始放映：选中幻灯片，单击"幻灯片放映"选项卡"开始放映幻灯片"组中的"从当前幻灯片开始"按钮，如图 5-69 所示，系统即可从当前幻灯片开始播放幻灯片，按 Enter 键或空格键即可切换到下一张幻灯片。

（3）自定义幻灯片放映方式：单击"幻灯片放映"选项卡"开始放映幻灯片"组中的"自定义幻灯片放映"按钮，如图 5-70 所示，在弹出的下拉菜单中选择"自定义放映"菜单命令，弹出"自定义放映"对话框，如图 5-71 所示，单击"新建"按钮，弹出"定义自定义放映"对话框，如图 5-72 所示，在"在演示文稿中的幻灯片"列表框中选择需要放映的幻灯片，然后单击"添加"按钮，即可将选中的幻灯片添加到"在自定义放映中的幻灯片"列表框中，单击"确定"按钮，返回到"自定义放映"对话框，单击"放映"按钮，可以查看到自动放映效果。

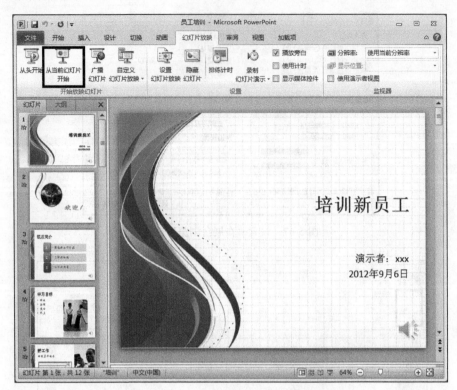

图 5-69 "从当前幻灯片开始"按钮

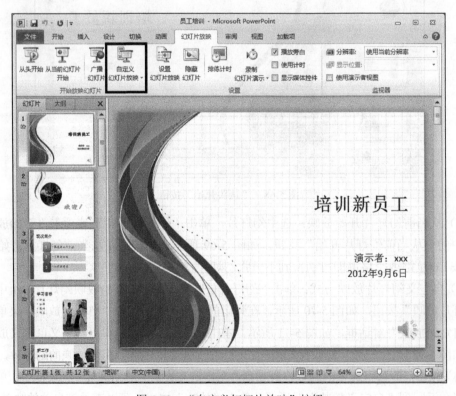

图 5-70 "自定义幻灯片放映"按钮

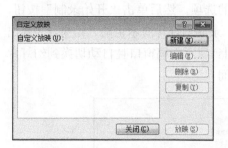

图 5-71 "自定义放映"对话框

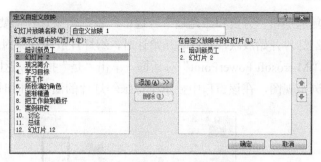

图 5-72 "定义自定义放映"对话框

3．隐藏幻灯片

选中第 7 张幻灯片，单击"幻灯片放映"选项卡"设置"组中"隐藏幻灯片"按钮，如图 5-73 所示。

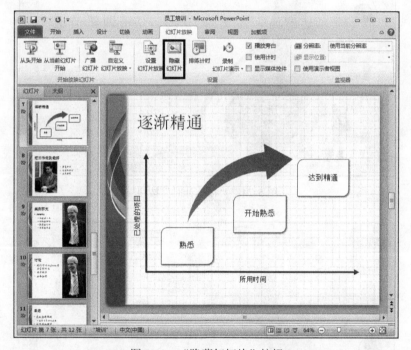

图 5-73 "隐藏幻灯片"按钮

4．排练计时

打开素材，单击"幻灯片放映"选项卡"设置"组中的"排练计时"按钮，如图 5-74 所示，系统会自动切换到放映模式，并弹出"录制"对话框，在"录制"对话框上会自动计算出当前幻灯片的排练时间，在"录制"对话框中可看到排练时间，排练完成后，系统会显示一个警告的消息框，显示当前幻灯片放映的总共时间，单击"是"按钮，完成幻灯片的排练时间。

5．录制幻灯片演示

单击"幻灯片放映"选项卡"设置"组中的"录制幻灯片演示"的下拉按钮，如图 5-75 所示，从弹出的下拉列表中选择"从头开始录制"或"从当前幻灯片开始录制"选项，弹出"录制幻灯片演示"对话框，如图 5-76 所示，该对话框中默认勾选"幻灯片和动画计时"

复选框和"旁白和激光笔"复选框，根据需要选择需要的选项，然后单击"开始录制"按钮，幻灯片开始放映，并自动开始计时，幻灯片放映结束时，录制幻灯片演示也随之结束，并弹出"Microsoft PowerPoint"对话框，单击"是"按钮，返回到演示文稿窗口且自动切换到幻灯片浏览视图，在该窗口中显示了每张幻灯片的演示计时时间。

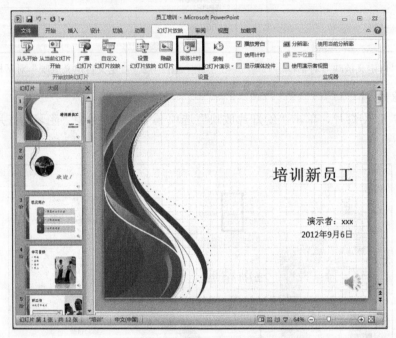

图 5-74　"排练计时"按钮

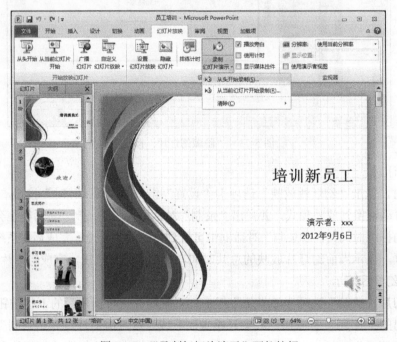

图 5-75　"录制幻灯片演示"下拉按钮

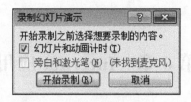

图 5-76 "录制幻灯片演示"对话框

6. 添加演讲者备注

选中幻灯片，在"备注"窗格中的"单击此处添加备注"处单击，输入备注内容，如图 5-77 所示，将鼠标指针指向"备注"窗格的上边框，当指针变成形状后，向上拖动边框以增大备注空间。

图 5-77 备注窗格

第 6 章　Internet 应用

6.1　IE 浏览器

任务　IE 浏览器的基本设置方法

【操作要求】

1．设置启动浏览器后的主页。

2．删除硬盘上保存的 Internet 临时文件。

3．将内蒙古化工职业学院的网址 http://www.hgzyxy.com.cn 添加到收藏夹中。

【操作步骤】

1．设置启动浏览器后的主页：打开 IE 浏览器，从"工具"菜单中选择"Internet 选项"，在弹出的"Internet 选项"对话框中选择"常规"选项卡，在"主页"文本框中输入网页地址即可。

2．删除硬盘上保存的 Internet 临时文件：打开 IE 浏览器，从"工具"菜单中选择"Internet 选项"，在弹出的"Internet 选项"对话框中选择"常规"选项卡，单击"浏览历史记录"选项组中的"删除"按钮即可。

3．将内蒙古化工职业学院的网址 http://www.hgzyxy.com.cn 添加到收藏夹中：打开 IE 浏览器，在地址栏中输入网址 http://www.hgzyxy.com.cn，打开该网站，从"收藏夹"菜单中选择"添加到收藏夹"，在弹出的"添加收藏"对话框中单击"添加"按钮即可。

6.2　电子邮件

任务一　申请电子邮箱

【操作要求】

在网站 http://mail.163.com 中申请一个免费电子邮箱。

【操作步骤】

在网站 http://mail.163.com 中申请一个免费电子邮箱：打开 IE 浏览器，在地址栏中输入网址 http://mail.163.com，打开该网站的免费邮箱页面，如图 6-1 所示，单击"注册网易免费邮"，按要求填写邮件地址、密码、确认密码以及验证码等带有红色星号的必填项，阅读"服务条款"和"隐私权相关政策"，并勾选"同意'服务条款'和'隐私权相关政策'"前的复选框，单击

"立即注册"按钮，如图 6-2 所示，注册成功后记录好免费邮箱地址和密码，如图 6-3 所示。

图 6-1   免费邮箱页面

图 6-2   注册邮箱页面

图 6-3　邮箱注册成功页面

任务二　申请电子邮箱

【操作要求】

1．登录已申请的 163 邮箱。

2．接受与阅读邮件。

3．新建与发送邮件。

【操作步骤】

1．登录已申请的 163 邮箱：打开 IE 浏览器，在地址栏中输入网址 http://mail.163.com，打开该网站的免费邮箱页面，如图 6-4 所示，输入账号（即邮箱地址）和密码，单击"登录"按钮，进入邮箱页面，如图 6-5 所示。

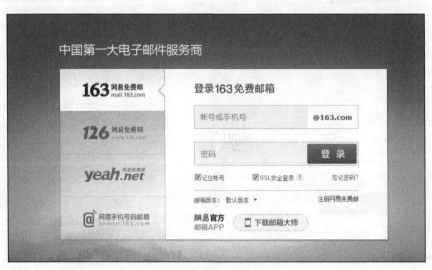

图 6-4　免费邮箱页面

图 6-5　进入邮箱页面

2．接受与阅读邮件：在邮箱页面中，单击"收件箱"，打开接收邮件列表，单击要阅读的邮件，如图 6-6 所示。

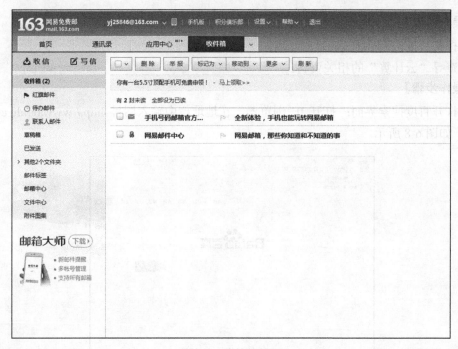

图 6-6　收件箱页面

3．新建与发送邮件：单击邮箱页面左上角的"写信"按钮，打开邮件编辑页面，如图 6-7 所示，编辑内容后单击"发送"按钮即可。

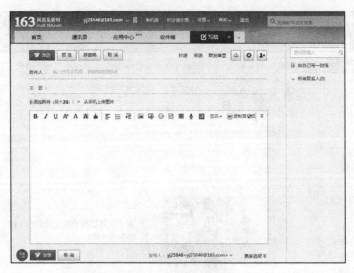

图 6-7　邮件编辑页面

6.3　搜索引擎

任务一　利用百度搜索引擎查寻"云计算"的相关资料

【操作要求】

1．打开百度搜索界面。

2．查寻"云计算"的相关资料。

【操作步骤】

1．打开百度搜索界面：打开 IE 浏览器，在地址栏中输入网址 http://www.baidu.com，即可打开，如图 6-8 所示。

图 6-8　百度搜索界面

2．查寻"云计算"的相关资料：在搜索框中输入关键字"云计算"，单击"百度一下"按钮，打开关于"云计算"链接的网页，分别单击相关链接，查看网页，直到找到满意的资料为止。

任务二　利用 Google 搜索引擎查寻"搜索引擎"的相关资料

【操作要求】

1．打开 Google 搜索界面。

2．查寻"搜索引擎"的相关资料。

【操作步骤】

1．打开 Google 搜索界面：打开 IE 浏览器，在地址栏中输入网址 http://www.google.cn，即可打开，如图 6-9 所示。

图 6-9　Google 搜索界面

2．查寻"搜索引擎"的相关资料：在搜索框中输入关键字"搜索引擎"，单击"Google搜索"按钮，打开关于"搜索引擎"链接的网页，分别单击相关链接，查看网页，直到找到满意的资料为止。

6.4　信息下载

任务　保存网页上的文字和图片

【操作要求】

1．保存网页上的文字。

2．保存网页上的图片。

【操作步骤】

1．保存网页上的文字：使用搜索引擎查找到相关信息，在打开的网页中选择所有要保存的文字，单击鼠标右键，在弹出的快捷菜单中选择"复制"选项，将复制的内容粘贴到新建的 Word 或 txt 文档中即可。

2．保存网页上的图片：使用搜索引擎查找到想要的图片，单击鼠标右键，在弹出的快捷菜单中选择"图片另存为"选项，打开"保存图片"对话框，选择文件要保存的位置，在"文件名"文本框中输入图片名称，单击"保存"按钮。